—— Adobe官方认证标准教材 ——

Adobe Photoshop
官方认证标准教材

主编◎夏 磊 吴 桥 林 洁 林 海

清華大学出版社

北 京

内 容 简 介

本书是"Adobe 官方认证标准教材"系列中的 Photoshop 分册，书中系统地介绍了 Photoshop 软件的核心工具、命令与功能。知识内容以工具为索引，本着"在做中学"的思想，通过案例让读者边做边学，具有很强的实用性。

本书共 13 章，包括初识 Photoshop CC 2020、图像处理基础知识、选区、图像处理、图层、蒙版、通道、路径、滤镜、动作及批处理、网络图像处理、3D 功能以及实践案例等内容。

随书资源包括实例源文件、案例素材、学习视频等。本书适合从事平面设计、数字绘画、动画设计、图形设计以及影视制作等相关工作人员使用，也适合高等院校相关专业的学生和各类培训班的学员阅读。

图书在版编目（CIP）数据

Adobe Photoshop 官方认证标准教材 / 夏磊等主编. —北京：清华大学出版社，2022.11（2024.10重印）
Adobe 官方认证标准教材
ISBN 978-7-302-62084-6

Ⅰ. ①A…　Ⅱ. ①夏…　Ⅲ. ①图像处理软件—教材　Ⅳ. ① TP391.413

中国版本图书馆 CIP 数据核字（2022）第 195089 号

责任编辑： 贾小红
封面设计： 姜　龙
版式设计： 文森时代
责任校对： 马军令
责任印制： 宋　林

出版发行： 清华大学出版社
　　　　网　　　址：https://www.tup.com.cn，https://www.wqxuetang.com
　　　　地　　　址：北京清华大学学研大厦 A 座　　　　邮　　编：100084
　　　　社 总 机：010-83470000　　　　　　　　　　邮　　购：010-62786544
　　　　投稿与读者服务：010-62776969，c-service@tup.tsinghua.edu.cn
　　　　质量反馈：010-62772015，zhiliang@tup.tsinghua.edu.cn
印 装 者： 三河市铭诚印务有限公司
经　　销： 全国新华书店
开　　本： 185mm×260mm　　　　**印　　张：** 23.5　　　　**字　　数：** 581 千字
版　　次： 2022 年 12 月第 1 版　　　　　　　　　　**印　　次：** 2024 年 10 月第 3 次印刷
定　　价： 99.80 元

产品编号：091049-01

Adobe Certified Professional 国际认证（www.adobeacp.com）由 Adobe 全球 CEO 签发，是面向设计师、学生、教师及企业技能岗位的国际认证及考核测评体系，Adobe Certified Professional 国际认证基于 Adobe 核心技术及岗位实际应用操作能力的测评体系及标准得到国际 ISTE 协会的认证，并在全球 148 个国家推广，深受国际认可。

Adobe Certified Professional 国际认证体系自进入中国以来得到广大的行业及用户认可，被国内众多知名 IT 培训机构及院校，作为视觉设计、平面设计等数字媒体专业的培训及技能测评考核的依据及标准。

Adobe Certified Professional 世界大赛（Adobe Certified Professional World Championship）是一项在创意领域，面向全世界 13～22 岁青年群体的重大竞赛活动，赛事每年举办一届，自 2013 年举办以来，已成功举办 9 届，每年 Adobe Certified Professional 世界大赛吸引超过 70 个国家和地区及 30 余万名参赛者。

Adobe Certified Professional 世界大赛中国赛区由 Adobe Certified Professional 中国运营管理中心主办，通过赛事的组织为创意设计领域和艺术、视觉设计等专业的青少年群体提供学术技能竞技、展现作品平台和职业发展的机会。

Adobe Authorized Training Center（简称 AATC，中文：Adobe 授权培训中心）是 Adobe 官方授权的培训体系，致力于为广大用户及合作伙伴提供专业的一站式行业培训解决方案及服务。依托 Adobe 前沿的软件与技术，为个人、院校等合作伙伴输出行业标准、为企业用户提供定制化培训服务与技术支持。

这套由 Adobe 授权培训中心牵头并参与组织编写及开发的系列丛书和配套课程，经过精心策划，通过清华大学出版社、文森时代科技有限公司的通力合作，形成了助力数字传媒专业建设和社会相关人员培养的 Adobe Certified Professional 中国运营管理中心认证考试标准教材。

文森时代科技有限公司是清华大学出版社第六事业部的文稿与数字媒体生产加工中心，同时"清大文森学堂"是一个在线开放型教育平台，开设了各类直播课堂辅导，为高校师生和社会读者提供服务。

非常感谢清华大学出版社及文森时代科技有限公司组织创作的 Adobe Certified Professional 标准教材系列丛书及配套课程视频。

北京中科卓望网络科技有限公司　　上海恒利联创信息技术有限公司

（Adobe 授权培训中心）董事长　　Adobe Certified Professional

郭功清　　中国运营管理中心 CEO

李强勇

Adobe Photoshop 是 Adobe 公司众多产品中的一种，在图形图像处理领域享有盛誉。利用 Adobe Photoshop 软件，可以将我们的创意轻松地呈现出来。借助软件中强大的编辑工具和全新智能功能，我们可以将平凡无奇的图像轻松变为艺术作品；可以创建相机无法捕捉的内容，制作神奇的效果；在海报、包装、横幅、网站随处可见 Adobe Photoshop 的身影；丰富的创意画笔为数字绘画提供了强大的助力，无论在台式计算机、笔记本计算机还是在平板设备上，Photoshop 软件都极富表现力。

正因为 Adobe Photoshop 软件在图形图像处理方面的出色表现，学习 Adobe Photoshop 软件已经成为一种必然趋势。对于初学者来说，系统的学习需要大量的时间和实战经验的积累，但在实际工作中，不存在万能的"知识包"，很多情况下需要我们在"做中学"，边做边学，边学边做，逐步提高。因此本书从这一思想出发进行设计和梳理，用实际案例引导读者边做边学。此外，本书内容多数以工具为索引，可以方便读者快速找到案例的核心工具，以便开展学习和复习巩固。

本书共分为 13 章，从软件介绍、界面详解，到 Photoshop 选区、图像处理、图层、蒙版、通道、路径、滤镜、动作及批处理、网络图像处理、3D 功能。读者可以系统地学习 Photoshop 软件的核心工具和使用技巧，快速掌握 Photoshop 软件的常用功能，并通过实战案例制作训练进一步强化学习效果。随书资源包括实例源文件、案例素材以及 5 小时的主要内容学习视频（包含详细讲解课程 20 节以及知识点速览课程 10 节），以辅助读者提高学习效率和效果。

为方便读者更好、更快地学习 Photoshop，本书在清大文森学堂上提供了大量辅助学习视频。清大文森学堂是 Adobe Certified Professional 中国运营管理中心教材的合作方，立足于"直播辅导答疑，打破创意壁垒，一站式打造卓越设计师"的理念，为读者提供丰富的，融学习、考证、就业、职场提升为一体的，系统、完善的学习服务。具体内容如下：

■ 5 小时的配书教学视频，以及书中所有实例的源文件、素材文件和教学课件 PPT。

■ Adobe Certified Professional 考试认证服务，通过该报名端口可快速报名 Adobe 国际认证考试，获得视觉设计、影视设计、网页设计等认证专家证书；

■ UI 设计、电商设计、影视制作训练营，以及平面、剪辑、特效、渲染等大咖课。课程覆盖入门学习、职场就业和岗位提升等各种难度的练习案例和学习建议，紧贴实际工作中的常见问题，通过全方位地学习，可掌握真正的就业技能。

读者可扫描下方的二维码，及时关注，高效学习。

本书配套视频　　　　扫码报名考试　　　　清大文森设计学堂

在清大文森学堂中，读者可以认识诸多的良师益友，让学习之路不再孤单。同时，还可以获取更多实用的教程、插件、模板等资源，福利多多，干货满满，期待您的加入。

本书经过精心的构思与设计，便于读者根据自己的情况翻阅学习。以案例为先导，推动读者熟悉和掌握软件操作是本书的创作出发点。本书适合广大 Photoshop 初学者，以及有志从事平面设计、数字绘画、动画设计、图形设计以及影视制作等相关工作的人员使用，也适合高等院校相关专业的学生和各类培训班的学员参考阅读。如果读者是初学者，可以循序渐进地通过精彩的案例实践，掌握软件操作的基础知识；如果读者是有一定使用 Adobe 设计软件经验的用户，也将会在书中涉及的高级功能中获取新知。

由于编者水平有限，书中难免存在不妥之处，恳请广大读者批评、指正。

编者

目　录

第 5 章　图层

第 6 章　蒙版

第 7 章　通道　　94

第 8 章　路径　　133

第 9 章　滤镜　　176

第 10 章　动作及批处理　　245

附录 355

Ps

第 1 章

初识 Photoshop CC 2020

Adobe Photoshop，简称 PS，是由美国 Adobe（奥多比）公司开发的迄今最强大的数字图像处理软件之一。也正是它的诞生，才有了今天各种各样的 P 图。Photoshop 从 1990 年发布 1.0 至今已经有 30 余年的历史。其间它的版本更替和划时代的新功能不断刷新我们的想象。而更值得我们惊叹的是，它每 10 年会给全球数字出版业带来一次革命性改变。

2003 年，在 Photoshop 7.0 后发布的版本并不是 Photoshop 8.0，而是 Photoshop CS。Adobe CS 是 Adobe Creative Suit（Adobe 创意套件）的缩写，它的发布代表着 Adobe 正引领设计行业进行一场革命，即从"打单拳"转向"组合拳"。例如，用于数字出版的创意套件"工具包"是 Photoshop、Illustrator、InDesign、Acrobat 4 个软件。它们与 Version Cue、Adobe Bridge 和 Adobe Stock Photos 相结合，共同形成了数字出版工作流程组。这极大地提高了设计工作效率，标志着多个创作者、多任务、多版本、多软件协同工作时代的到来。

2013 年发布了 Adobe CC，它是 Adobe Creative Cloud 的缩写，中文意思是 Adobe 创意云。这是 Adobe 引领设计行业的又一次大革命。因此，Photoshop CS6 之后的版本也不再是 Photoshop CS7，而是 Photoshop CC。Photoshop CC 发布的海报如图 1-1 所示。

图 1-1

Adobe 的软件版本更新周期一般为 18 个月，但近年来似乎提高了更新速度，小版本更是几个月就有一次升级，新功能层出不穷。

Photoshop 处理的主要对象是栅格图像（以像素为基本元素的数字图像，又称为像素图、位图、光栅图）。（通俗地讲，只要我们设计中涉及栅格图像编辑，一般就会用到 Photoshop。）当然，随着技术的飞速发展，它也编辑包括 3D 对象、智能对象等各种矢量特性的对象。总之，Photoshop 早已成为各设计领域不可或缺的重要工具。

1.1　Photoshop 的应用领域

1. 摄影后期

将 Photoshop 翻译成中文，就是"照相馆"的意思，可见当年研发它的初衷是用于照片处理与暗房特效。从生活 P 图到专业大片润饰、从全景图合成到专业广告创意特效，无不用到 Photoshop。图 1-2 显示了使用 Photoshop 制作的数字暗房效果——双重曝光。

图 1-2

2．平面设计

平面设计（graphic design），又称视觉传达设计。在其设计执行的各个领域中，如出版物设计（杂志、画册、书籍、报纸）、平面广告、海报设计、户外广告牌、产品包装等方面都要大量用到 Photoshop，如图 1-3 所示。

图 1-3

3．装饰设计

在建筑装饰设计中，无论是硬装还是软装设计，从室内设计效果表现到室外设计表现，乃至园林景观设计都要用到 Photoshop。因为无论哪种效果图表现都或多或少需要用图像合成或校正颜色，甚至连 3D 的贴图也常常需要用 Photoshop 进行绘制，如图 1-4 和图 1-5 所示。

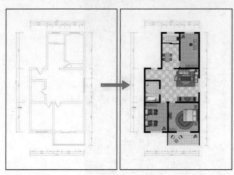

图 1-4   图 1-5

4．电商设计

电子商务目前已经成为主流的商业形式，双 11、双 12 也成为一年一度的购物狂欢节。无论是网店的装修，还是促销海报的设计，又或是高品质产品照的润饰、微信公众号的图文消息设计、易企秀的 H5 设计等都离不开 Photoshop，如图 1-6 所示。

图 1-6

5．插画设计

无论是艺术插画，还是商业插画，又或是游戏动漫中的角色设计、原画创作等，都离不开 Photoshop。Photoshop 拥有丰富的笔刷和调色功能，通过数位板或数位屏可以将各级压感、斜笔等发挥得淋漓尽致。借助这些功能，艺术家不仅可以模拟素描、水彩、水粉、油画、蜡笔、国画等不同绘画风格中的自然笔触，还可以通过图层、选区、路径、通道和各种润饰工具进行方便的后期编辑，可以说为插画创作者插上了翅膀，如图 1-7 所示。

图 1-7

6. 数码视频

Adobe 的国际认证视频设计专家认证考试包含 Photoshop、Premiere、After Effects 3 个科目，可见 Photoshop 在视频设计领域的重要性。除了对静态视频帧处理、视频特效元素制作等方面外，Photoshop 本身也有制作动画和编辑视频的功能。从早期外置的 ImageReady，到后来软件内置的动画面板，再到如今的时间轴，Photoshop 不断丰富在动画方面的功能。目前，Photoshop 不仅能够进行视频的特效合成和润饰，还可以剪辑视频、音轨合成及高清视频的渲染输出。无纸动画和视频短片完全可以通过 Photoshop 直接制作。当然更加专业的视频制作还是要与 Premiere、After Effects 等专业视频软件协同应用，如图 1-8 所示。

图 1-8

7. 景观设计

很多读者认为，在景观园林设计中主要应用 AutoCAD、3ds Max、Sketch Up、Rhino、Lumion、酷家乐等软件。其实，Photoshop 在景观园林效果图设计中是不可缺少的重要工具软件。例如，景观平面图或分析图都要先用 CAD 画出结构导出 EPS 文件，再用 Photoshop 填入色块、叠加材质、花草、植物等，形成最终的图稿。分析图中的流线、视线、视域、场地关系等，通过 Photoshop 都能表现得淋漓尽致。又例如景观园林效果图往往是先用 3D 软件建模的，然后用 Photoshop 进行后期处理与合成，往往可以达到以假乱真的效果。当然，还有些"牛人"可以直接用 Photoshop 画出或利用诸多素材合成出高品质的景观效果图，如图 1-9 所示。

图 1-9

8. 界面设计

随着各种智能设备及互联网的发展，"人机交互"正悄然改变着我们的生活。友好的人机交互界面设计能够让我们与设备无障碍地进行沟通，甚至不需要学习，利用原有的生活经验就可以操作硬件和软件。我们经常看到还没上幼儿园的小孩子熟练地操作智能手机或平板玩着游

戏，这就是好的界面设计的魅力。而 Photoshop
正是界面设计最重要的工具软件，打开文件预
设我们就会看到适合各类手机及平板屏幕分辨
率的规格预设，通过图层、路径、图层样式、
智能对象、蒙版和各种润饰工具可以方便高效
地进行各种界面设计。还可以应用软件外挂的
Adobe Device Centra 对设计好的界面和交互功
能进行测试和预览。我们日常看到的无论是漂
亮的图标设计，还是酷炫的按钮设计，又或是
手机主题设计等，大都是 Photoshop 的杰作，
如图 1-10 所示。

图 1-10

9．网页设计

互联网的发展，尤其是移动互联网的发展颠覆性地改变了人们的生活和工作方式，网页成
为了人与互联网交互的媒介。网页设计就像是商场店铺的装修，直接影响网站的流量。而界面
设计是否友好，也极大程度地影响着浏览的效率。Adobe 国际认证网页设计专家认证考试包括
Photoshop、Dreamweaver、Animate 3 个科目。可见 Photoshop 是网页设计中重要的工具软件
之一。

设计网站时，通常先使用 Photoshop 设计主页版式及网站风格等外观效果，待客户满意后，
再 使用 Dreamweaver 进行版式深化、代码编辑、CSS 样式及前后台链接等操作。若要插入动
画，则需要用 Animate。个性化的静态网站以及我们日常见到的酷炫游戏网站首页，一般直接用
Photoshop 设计好界面，切片后导入 Dreamweaver 对其稍作编辑即可完成，如图 1-11 所示。可
以说，掌握了 Photoshop，就已经算半个网页设计师了。

图 1-11

10．动画设计

动画分为传统手绘动画和计算机无纸动画。根据不同应用方向，计算机动画又分为电影动
画、建筑漫游动画、工程动画、宣传动画、网页动画等，根据表达方式的不同分为二维动画和三
维动画。但无论是哪种动画设计，都离不开 Photoshop。通过 Photoshop 的各类个性化笔刷、色
板、图层、调整菜单、滤镜等设置可以轻松地绘制各类酷炫的动画元素，并可以通过动画面板进

行动画检测和预览。在借助 3ds Max、Maya 等软件制作三维动画时，模型贴图和质感材质一般也要用 Photoshop 制作。因为用 Photoshop 绘制的人物皮肤贴图、场景贴图和质感的材质品质比三维软件高，而且还可以节省动画渲染的时间，如图 1-12 所示。

图 1-12

1.2 Photoshop CC 2020 的工作界面

启动 Photoshop，会进入一个欢迎画面，如图 1-13 所示。其中：上方的 A 区域是 Adobe 提供的"学习区域"，通过教程和针对性查询，可以学到很多 Photoshop 的应用技巧；左边的 B 区域则是最常用的新建文件、打开文件等"文件管理"功能区；下面的 C 区域是近期浏览或编辑过的文件，以可视化的界面直观展示；左下角的 D 部分展示了 Photoshop CC 2020 的新增功能。当然，如果我们不希望显示这个界面而直接进入 Photoshop 操作界面，则可以在首选项菜单的常规面板中取消选中"自动显示主屏幕"复选框，如图 1-14 所示。这里需要强调一点，Mac 系统中 Photoshop 的首选项在独立的 Photoshop 菜单中，而 Windows 系统中 Photoshop 的首选项在"编辑"菜单中。

图 1-13

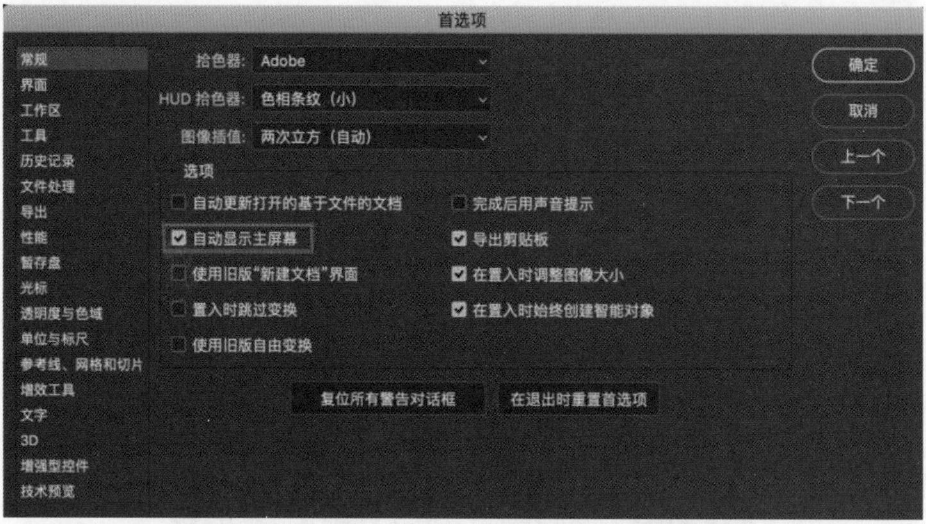

图 1-14

1. 工作界面

当我们新建文件、打开文件或关闭欢迎画面，将正式进入 Photoshop 的工作界面，如图 1-15 所示。最上方的 A 处为菜单栏，其下面的 B 处为属性栏，C 处为标题栏，左侧的 D 处为工具箱，中间的 F 处是工作窗口，右侧的 E 处是面板组（也可称为调板组），最下面的 G 处是状态栏。接下来我们逐项进行介绍。

图 1-15

2. 菜单栏

Photoshop 中，根据功能可将菜单分为"文件""编辑""图像""图层""文字""选择""滤镜""3D""视图""窗口""帮助"，如图 1-16 所示。菜单下的选项称为命令，其中，带有三角标志的菜单通常又包含许多子菜单命令。

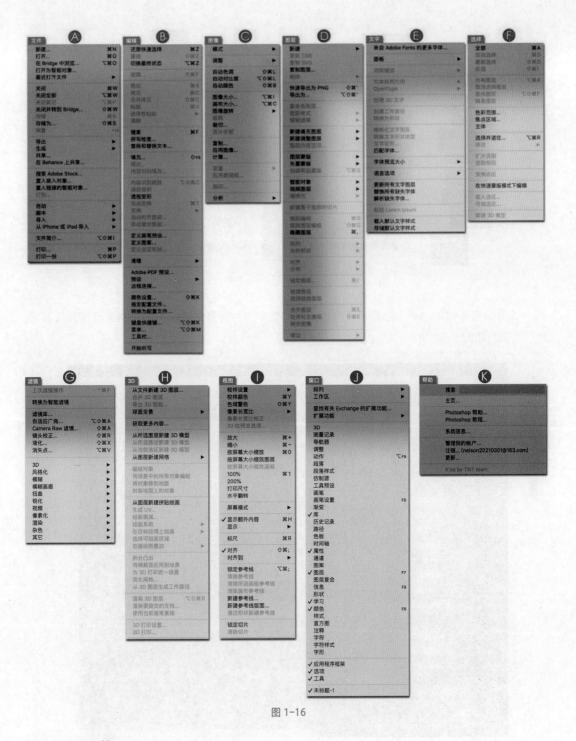

图 1-16

3．工具箱

很形象，就像生活中的"工具箱"，里面放满了各种"作图"的工具。只需要单击它就可以使用这个工具。如果细心些，你会发现有的工具右下角有个小三角图标，它代表这个工具背后还有隐藏的工具，只要单击后按住不放，就会弹出内部的工具列表，如图 1-17 所示。当然，我们也可以按住 Z 键单击工具图标，滚动显示隐藏的工具。

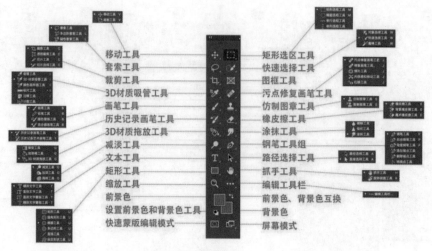

移动工具 —— 矩形选区工具
套索工具 —— 快速选择工具
裁剪工具 —— 图框工具
3D材质吸管工具 —— 污点修复画笔工具
画笔工具 —— 仿制图章工具
历史记录画笔工具 —— 橡皮擦工具
3D材质拖放工具 —— 涂抹工具
减淡工具 —— 钢笔工具组
文本工具 —— 路径选择工具
矩形工具 —— 抓手工具
缩放工具 —— 编辑工具栏
前景色 —— 前景色、背景色互换
设置前景色和背景色工具 —— 背景色
快速蒙版编辑模式 —— 屏幕模式

图 1-17

　　工具箱最下排的"…"图标是"自定义工具栏"，打开其对话框可以根据需要增减工具显示的状态，如图 1-18 所示。

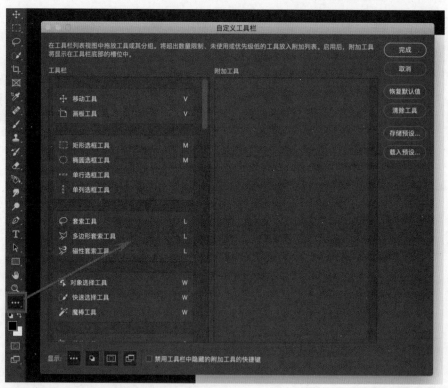

图 1-18

4. 属性栏

　　属性栏是工具属性的快捷设置区域。在 Photoshop 中，每一个工具都有不同的属性和参数设置，通常我们可以利用属性栏和面板来编辑这些设置，如图 1-19 所示，选择"矩形选框工具"，属性栏上就会出现"选区预设""加减运算设置""羽化""样式""规格""选择并遮住"等属性，我们可以通过调节这些属性来精确定义选区。

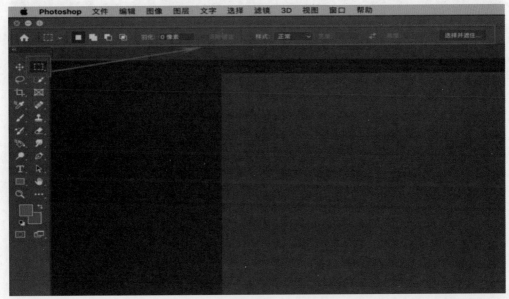

图 1-19

5. 工作窗口

工作窗口是对文件进行各种编辑的中心区域，如图 1-20 所示。用户可以建立多个工作窗口，未激活的工作窗口会以标签的形式暂时隐藏，编辑时单击该文件的标题栏即可。当然，也可以按 Ctrl+Tab 组合键进行不同编辑窗口的切换，还可以通过"窗口"菜单中的"排列"子菜单切换不同的窗口排列方式，如图 1-21 所示。

图 1-20

图 1-21

6. 面板组

更丰富的工具属性和图层、路径、通道等功能需要调用功能面板。在"窗口"菜单中可以打开所有的功能面板，拖曳上面的标签，可以自由组合形成面板组。还可以根据不同用途，在"窗口"菜单中定义摄影、绘画、动感、3D 等不同的面板组合，如图 1-22 和图 1-23 所示。

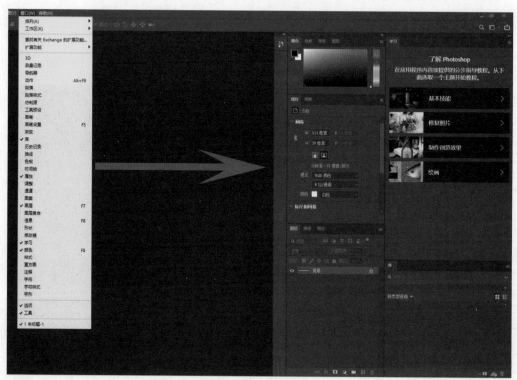

图 1-22

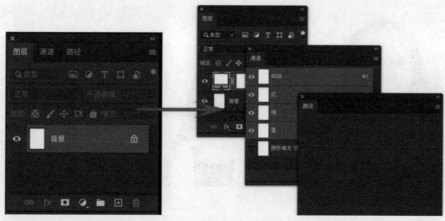

图 1-23

7．状态栏

状态栏位于整个界面的底部，是显示文档大小、文档尺寸、保存进度、测量比例、文档配置文件等状态的区域，如图 1-24（红色框标注区域）所示。

图 1-24

1.3 Photoshop CC 2020 的新特性

相对于早期的版本，Photoshop CC 2020 桌面版新增了如下功能。

1．更好、更快的人像选区

"抠像"是图像合成中最常规的工作之一。通俗地讲，就是将人像从背景里抠出来，以更换其他背景。但要想得到理想的抠像效果，需要制作精确的人像选区。在早期的 Photoshop 版本中，这项工作还是颇具技术含量的，要想得到好的效果，往往需要用到 Alpha 通道。

在 Photoshop CC 2020 中，利用"选择主体"命令，用户只要单击几次鼠标就可以在图像中创建精确的人像主体选区，轻松实现高品质抠像，如图 1-25 所示。选择"主体"功能可自动检测照片中的人像，以创建精细的选区，尤其是头发的细节。

图 1-25

2．Adobe Camera Raw 的改进

Adobe Camera Raw，简称 ACR，它是 Adobe 为专业摄影而开发的数码相机原始数据编辑器，可以无损编辑包括数字负片在内的各种数码相机原始文件。Camera Raw 被内置于 Photoshop 中，当使用 Photoshop 或 Adobe Bridge 打开数码相机原始照片时，就会启动它。使用 Camera Raw，可以同时对几百幅图像进行处理，其操作直观、方便、快捷、高效。Camera Raw 主要的用户界面改进包括以下几个方面。

- 能够同时使用多个编辑面板，如图 1-26 所示。

图 1-26

- 能够创建 ISO 自适应预设，并将其设为原始默认设置。这项功能对于专业摄影师而言是盼望已久的，因为它可以帮助他们为不同的 ISO 参数的原始照片自动设置降噪和锐化参数，如图 1-27 所示。

图 1-27

■ "局部调整"面板中新增"色相"滑块，能够无损地编辑图像局部颜色，而不影响其他区域。如图 1-28 所示，在没有选区的情况下，单独调整花朵的颜色。

图 1-28

■ 能够通过居中裁剪 2×2 网格叠加来裁剪照片的正中心画面，如图 1-29 所示。

图 1-29

■ 改进了调整图像的"曲线"面板，可在"参数曲线"和"点曲线"通道之间进行快速切换，能够使用点曲线以及 RGB 通道输入值进行更精确的调整。

3．自动激活 Adobe 字体

设计实践中，字体文件缺失是困扰设计师的一大烦恼。明明是设计好的漂亮版面，复制到另一台计算机上并打开后版式就全乱了。这个问题在 Photoshop CC 2020 里得到了完美的解决。

Adobe 在云端准备了大量免费字体，用户可以轻松地查找和同步这些字体。当然，在打开文件前，需要先联网并在 Adobe Creative Cloud（Adobe 云工具）中打开 Adobe fonts（即 Adobe 字体设置）功能。此时再打开待处理的图像文件，Photoshop 就会自动查找可用的字体并激活它，激活后字体前会出现一个"云朵"图标。

当然，Adobe 提供的主要是英文字库，中文字库比较有限。但用户可以把方正、汉仪等中文字库上传到云端，以方便使用。

4．可旋转图案

Photoshop CC 2020 中添加了以任意角度旋转图案的功能。用户可以根据需要，随意更改"图案叠加""图案描边""图案填充图层"中任何图案的方向，并将其与周围的方向对齐。由于图案旋转是非破坏性的，再次双击可以继续调整图案内容、缩放或旋转等属性。

图案既可以在"图案填充"中被旋转，也可以在"图案描边"中被旋转，如图 1-30 和图 1-31 所示。

图 1-30

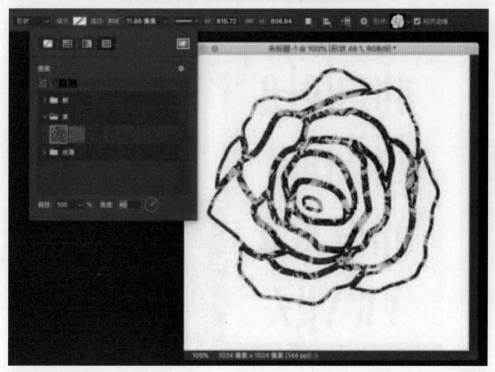

图 1-31

5. 改进的"匹配字体"

在网上，我们经常会看到一些很酷的海报字体，却无法得知这是什么字体。Photoshop CC 2020 可以通过机器学习算法检测照片中使用的字体，再与用户计算机或 Adobe 云端的字体进行匹配，给出类似字体的推荐，如图 1-32 和图 1-33 所示。

图 1-32

图 1-33

6．其他增强功能

路径选择工具：使用对象选择工具进行选择时，将体验到显著的性能改进，尤其是当处理较大图像时，如图 1-34 所示。

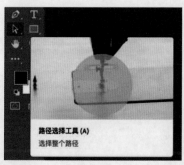

图 1-34

"选择并遮住"工作区：对该工作区中全局调整下方的移动边缘和平滑控制滑块已进行速度优化。在高分辨率图像上应用这两个滑块控件时，将会体验到显著的性能改进。

Ps

第2章 ————

图像处理基础知识

Photoshop 功能强大、兼容性高、适用面广、界面友好、简单易学，这成就了它在众多图像处理软件中的霸主地位。首先来了解数字图像处理的一些基础知识和操作。

2.1　数字图像知识

数字图像又称数码图像，它与传统图像不同的是，数字图像利用了计算机技术，将图像信息用特定的方法进行了数字化表达。通常可以用数码相机、手机、扫描仪等电子设备生成数字图像。

2.1.1　像素

数字图像有着丰富的内容，但这些内容被放大数倍后，会看到一个个连续的方块（见图2-1），这些方块呈现出不同的色彩信息，是构成数字图像的最小单元，它们就是像素（pixel）。像素在 Photoshop 软件中也可以用 px 表示，例如输入"5px"，软件会以"5 像素"显示。

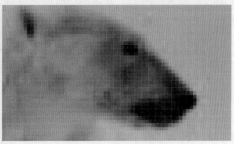

图 2-1

每一个像素均存有图像信息，因此像素的多少决定了图像信息的多少，像素越多，图像细节越多，色彩过渡越平滑、自然，看上去越清晰；反之图像细节少，色彩过渡生硬，看上去会模糊不清。

2.1.2　分辨率

图像分辨率的单位在 Photoshop 软件中通常以 ppi（pixel per inch）表示，其含义是每英寸包含的像素点数量。例如，如果图像的分辨率是 300ppi，则表示该图像每英寸包含 300 个像素点。因此图像的分辨率越高，意味着每英寸所包含的像素点就越多，图像细节信息就越丰富。同时，因为每英寸需要存储的像素信息更多，所以文件占用的空间也会更大。

除了 ppi，我们也会经常见到用 dpi（dot per inch）表示的分辨率。虽然 ppi 和 dpi 会出现混用的现象，但二者的应用领域是不同的。"像素"表示的分辨率用于计算机等电子设备显示领域，以"点"表示的分辨率多用于印刷、打印领域，因此 dpi 也称为输出分辨率。如激光打印机的输出分辨率一般可以达到 300 ～ 600dpi；扫描仪在获取数字图像时，可以设为 300dpi 以获得高分辨率的内容。

~~~ 技巧 ~~~

分辨率的高低要根据实际需要调整，对于高分辨率文件，计算机处理和传输时间都会变长，工作中不能只追求高分辨率，要综合考虑现实效果和处理、传输速度。

~~~ 拓展 ~~~

用于屏幕显示的图像作品，如网页广告，分辨率通常为 72ppi。但印刷品要求有更高的分辨率，如报纸一般为 150dpi，图书杂志画册一般为 300dpi，广告条幅、喷绘等一般也应大于 72dpi。

2.1.3　位图与矢量图

位图是以像素为最小单位，可以理解为由多个像素点拼合而成的图像。但矢量图没有像素这个概念，它是由独立的点、线元素绘制而成的图像，计算机存储的是屏幕位置、颜色、大小等信息。当矢量图被放大后，计算机会根据图像数据重新绘图，而不是"猜测"模拟，因此不会出现位图的"失真"问题。图 2-2 显示了原图以及将原图放大 600% 时的矢量图效果。

图 2-2

矢量图不用像位图一样存储每个像素点的信息，因此文件尺寸大大减小。目前使用最多的矢量图绘制软件有 Adobe 公司的 Illustrator 和 Corel 公司的 CorelDRAW。

~~~ 提示 ~~~

Photoshop 软件用钢笔、形状工具、文本等工具创建的内容默认也是矢量图，栅格化时会变成位图。如果希望保留矢量图，则可以在不栅格化的情况下将其保存为 EPS 格式文件。

2.1.4　图像大小

在 Photoshop 中，执行"图像→图像大小"命令，系统会弹出如图 2-3 所示的对话框。在该对话框中，用户可以设置当前图像的大小、像素、分辨率等参数。

各项参数的主要含义如下。

- **图像大小**：显示图像文件大小。如有调整，会分别显示调整前后文件的大小。

- **尺寸**：用于选择显示单位，如厘米、像素等。

- **调整为**：在其下拉列表中可以选择多种预设，如图 2-4 所示。用户也可以选择"自定"选项，重新修改图像的"宽度""高度""分辨率"等参数数值和单位。

- **限制长宽比**：默认为选中状态，此时会等比例调整图像的长和宽。单击后断开约束比例，可以分别调整长、宽，从而以不同的比例进行大小调整。

图 2-3

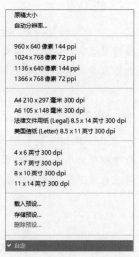

图 2-4

提示

断开约束比例调整，可能会导致图像内容变形，调整后要注意观察。

- **重新采样**：在调整图像大小时，系统会根据原图像素信息按照一定的算法将调整后的内容重新分配给新像素。用户可以在其下拉列表中选择不同的计算方法，包括"自动""保留细节""两次立方""两次线性""邻近"等，如图 2-5 所示。

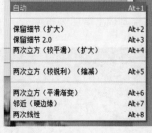

图 2-5

- > **自动**：在放大或缩小图像时，交由计算机自动处理像素的变化。

- > **保留细节（扩大）**：当对图像进行放大调整时，系统会保留图像中的细节。

- > **保留细节 2.0**：该功能在保留细节内容的同时，还可保留更加硬化的边缘细节。

- > **两次立方（较平滑）（扩大）**：系统的计算方法和两次立方（平滑渐变）相同，但内容连续性会增强，适用于增加图像内容，即图像放大时使用。

- > **两次立方（较锐利）（缩减）**：系统的计算方法和两次立方（平滑渐变）相同，但内容连续性会降低，适用于减少图像内容，即图像缩小时使用。

> **两次立方（平滑渐变）：** 该功能会选取周围的 8 个像素进行加权平均计算来增加或减少像素。因为参与运算的像素比较多，所以计算速度一般较慢，但最终呈现效果的连续性较好。

> **邻近（硬边缘）：** 系统通过直接丢弃或复制邻近像素的方法来增加或减少图像像素，该算法运算结果不精确，但运算速度比较快。

> **两次线性：** 该功能会选取上、下、左、右 4 个像素进行平均值计算来增加或减少像素。其效果和运算速度均介于"两次立方"和"邻近"之间。

技巧

由于当调整图像大小时，系统会根据算法增加或减少像素，因此在调整过程中不宜一次调整跨度过大，以免产生大量细节丢失或者补充细节不佳的情况。建议调整图像时一点点进行，让细节尽量少丢失一些。

拓展

由于位图和矢量图成像原理不同，因此其放大或缩小的结果也不同。位图与分辨率有关，改变图像大小会丢失细节，但矢量图与分辨率无关，改变图像大小会重新计算并绘制新的图像，因此可以随意调整大小而保持较好的图像品质。

2.1.5　画布大小

在 Photoshop 软件中，"画布"是指图像实际打印的区域，调整画布大小会直接影响输出结果和打印内容区域。使用画布大小可以通过参数的调整按照特定方向增大图像边缘，也就是在图像不变的情况下工作区域变大，默认情况下会用白色填充扩大的区域；也可以通过减少画布大小裁剪图像边缘。

执行"图像→画布大小"命令，系统会弹出"画布大小"对话框，在此可重新设置图像的宽度和高度，更改当前画布大小。选中"相对"复选框，则"宽度"和"高度"参数不再是图像的实际大小，而是在原有文件大小基础上增加或减少数值，如图 2-6 所示。数值为正表示在原文件基础上增加画布大小，为负表示在原文件基础上裁剪画布，使其减少。

图 2-6

而"定位"参数用来控制更改画布的方位，如图 2-7 所示。

图 2-7

提示

相对调整的像素大小数值是变换的总数量。例如，如果将宽度、高度各增大 200 像素，定位为上下左右放大，那么画布向上、向下、向左、向右各增大 100 像素；如果将宽度、高度各增大 200 像素，定位为右下放大，那么画布向右、向下各增大 200 像素。

画布扩展颜色: 用来调整当画布扩大时增加部分的颜色。除了"前景色""背景色""黑色""白色""灰色"外，可以选择"其他"[①] 选项或者单击下拉列表右侧色块按钮，弹出"拾色器"对话框，如图 2-8 所示，从中自由选择需要的填充色。

图 2-8

2.2　合理筛选图片

Adobe Photoshop 软件作为图形图像处理利器，除了可以原创图形文件，很多时候都会使用到外部图像文件，如何在众多素材中挑选合适的文件并加以创作尤为重要。一般可以从清晰度、图像大小、分辨率、细节、色彩、内容等方面进行综合判断。

[①] 文中的"其他"与图中的"其它"为同一内容，后文不再赘述。

1. 看清晰度

清晰度是判断一张图片是否可用的直观标准。模糊的图片容易给人产生一种视觉障碍，带来不好的用户体验。如图 2-9 所示，左图清晰，右图模糊。因为图片看上去可能不是实际大小，所以需要在 Photoshop 中进一步观察该图是否可用。

启动 Photoshop CC 2020 软件，执行"文件→打开"命令，如图 2-10 所示。

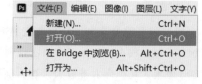

图 2-9　　　　　　　　　　　　　　　　图 2-10

在弹出的"打开"对话框中选择文件，单击"打开"按钮，如图 2-11 所示。打开图片文件后，双击工具箱中的"放大工具" 🔍，此时当前图片以 100% 比例显示，即以实际像素显示图片文件，如图 2-12 所示。然后用"抓手工具" 🖐移动图片观察各处细节，以此判断图片是否清晰可用。

图 2-11

图 2-12

提示

　　在选取图片时，清晰度是图片是否可用的一个非常直观的判断依据，如果不清晰，则建议更换图片。

2.看图像大小

　　图像大小可以决定图片可调整的大小范围，可以放大作为杂志封面，也可以当作网站banner 图。以 Adobe 网站为例，使用 Photoshop CC 2020 打开网页图片，执行"图像→图像大小"命令，如图 2-13 所示。弹出"图像大小"对话框，如图 2-14 所示。

图 2-13

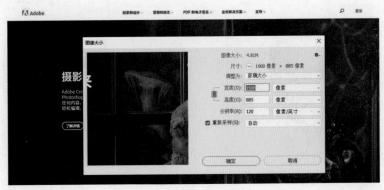

图 2-14

　　在"图像大小"对话框中可以看到，该网页图片的宽度为 1900 像素。备选图片中左侧图的宽度为 928 像素，不足 1900 像素，不符合使用要求；右侧图的宽度为 2000 像素，符合要求，如图 2-15 所示。

　　如图 2-16 所示，将图 2-15 中的两张图片放入网页中会发现：左侧图片明显太小，如果强行调大，会导致图片不清晰；右侧图片的大小基本合适，只需微调即可，不会影响图片清晰度。

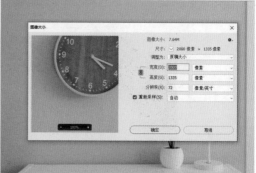

图 2-15

图 2-16

3. 看分辨率

图片的大小、清晰度符合要求，并不代表该图片就符合要求，还要检查图片的分辨率。如果图片是用于网站上，那么分辨率满足 72 像素 / 英寸[1] 即可；如果图片是用于杂志、画册印刷上，那么分辨率应达到 300 像素 / 英寸[2]。所以判断图片可用后，应第一时间观察并调整分辨率，如图 2-17 所示。

图 2-17

━〜〜 提 示 〜〜━

更改分辨率时选择"重新采样"，系统会根据用户选择的采样方法为图片增加或减少像素；不选择"重新采样"，图片本身像素不会更改。因此调整分辨率时要根据实际需要判断是否选择。

---

[1] 1 英寸 = 2.54 厘米，72 像素 / 英寸 = 28.346 像素 / 厘米，后文不再赘述。

[2] 1 英寸 = 2.54 厘米，300 像素 / 英寸 = 118.11 像素 / 厘米，后文不再赘述。

4．看细节

在清晰度、大小、分辨率都符合要求的情况下，一般认为该图片是合格可用的。但可用图也有质量高低之分，这就要看细节表达。图片中包含的细节越多（见图 2-18），后期处理的可发挥空间就越大（即使后期不需要太多细节，也可以很方便地将其去掉）。

图 2-18

提示

这里所说的细节，是指图片内容本身的精细画面以及文件存储的各种信息，如光影、色彩、通道等。

5．看颜色

不同的应用场合需要不同颜色的文件。网页图片需要使用 RGB 颜色模式，而杂志等印刷文件需要使用 CMYK 颜色模式。如果颜色选择不当，会产生偏色等问题。因此选择图片文件时应根据用途更改色彩模式，以满足设计要求。

例如制作画册图片，应执行"图像→模式→CMYK 颜色"命令进行色彩模式转换，如图 2-19和图 2-20 所示。

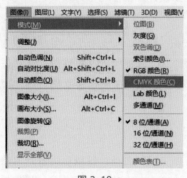

图 2-19

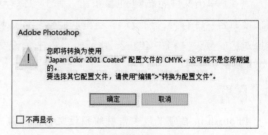

图 2-20

单击"确定"按钮，完成颜色模式转换。转换后可以在文件属性、文件标签、通道等多个地方观察到色彩模式的改变。和原图对比，可以发现一些微小的变化。

2.3   杂志封面的选图与制作

杂志作为传统纸媒中的代表产品，一直活跃在人们的视线中。杂志的封面可以吸引读者的注意，快速向用户传达主题信息。除了标题、文字、配色、版面等设计要素外，如何选择合适的封面图片也十分重要。

本节将为杂志封面挑选合适的图片，并在 Photoshop CC 2020 中完成最终封面的制作。

2.3.1   使用"新建"命令创建杂志封面

（1）启动 Photoshop 2020，等待软件加载，完成启动。

（2）启动完成后，单击左侧"新建"按钮或执行"文件→新建"命令，如图 2-21 所示。

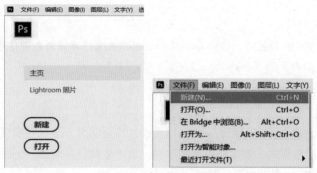

图 2-21

（3）打开"新建文档"对话框，根据杂志设计要求，将参数设置为宽 210 毫米，高 285 毫米，分辨率为 300 像素 / 英寸，颜色模式为"CMYK 颜色"。在"预设详细信息"下修改文件名为"杂志封面"。其他可以保持默认，如图 2-22 所示。

（4）单击文件名右侧的 按钮，弹出"保存预设"按钮，如图 2-23 所示。用户可以为当前预设命名并保存为"预设"。当再次制作相同规格的文件时，可以直接从"已保存"选项卡处选择对应的预设文档，如图 2-24 所示。单击预设文档图标可以直接创建同参数文档，以提高工作效率。

> **技巧**
>
> Photoshop 自带了很多常用的预设文档，涵盖了常见照片、打印文档、图稿和插图、网络文档、移动设备文档和胶片视频文档。用户可以在"新建文档"对话框的对应选项卡中，根据需要选择并创建空白文档。

> **提示**
>
> 调整宽度和高度参数时，尤其要注意单位。默认单位为像素，应将其改为毫米；否则文件

只有 210 像素 ×285 像素，非常小，无法达到制作要求。

图 2-22

图 2-23

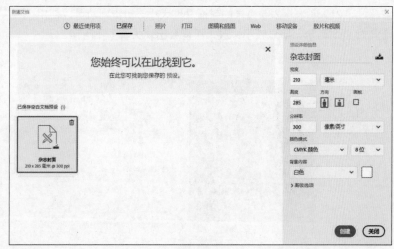

图 2-24

拓展

　　常见的杂志封面尺寸有很多，例如 210 毫米 ×285 毫米、210 毫米 ×297 毫米（也就是常说的 A4 大小）、185 毫米 ×260 毫米等。分辨率则应达到 300 ～ 350 像素 / 英寸[1]。

　　（5）单击 "新建文档" 对话框右下方的 "创建" 按钮，完成空白杂志封面的创建，如图 2-25 所示。

_____

[1] 1 英寸 = 2.54 厘米，300 ～ 350 像素 / 英寸 = 118.11 ～ 137.795 像素 / 厘米，后文不再赘述。

（6）根据设计要求为杂志封面添加毕业的设计元素，如添加文字，如图 2-26 所示。

图 2-25

图 2-26

2.3.2　使用"图像大小"挑选素材

（1）执行"文件→打开"命令，在弹出的"打开"对话框中选择准备好的 3 张图片文件素材。观察清晰度，都不存在明显模糊，初步判断基本符合要求。

（2）执行"图像→图像大小"命令，查看 3 张图片的大小，如图 2-27 所示。其中图片 1 的宽度为 286.1 毫米、高度为 428.27 毫米，图片 3 的宽度为 288.46 毫米、高度为 432.31 毫米，均超过了 210 毫米 ×285 毫米的封面文件大小，初步判断可以使用。图片 2 的宽度为 31.67 毫米、高度为 47.5 毫米，明显较小，放大可能会出现失真，不可用。

图片 1

图片 2

图 2-27

图片 3

图 2-27（续）

（3）通过大小初步判断图片 1、图片 3 符合要求，但是否能作为封面素材还要再看分辨率。图片 1 素材的分辨率为 72 像素 / 英寸，作为杂志封面需达到 300 像素 / 英寸，为保证原图像素不变，不选中"重新采样"，调整分辨率为 300 像素 / 英寸后，文件宽度为 68.66 毫米、高度为 102.79 毫米，尺寸偏小，不符合要求，如图 2-28 所示。

图 2-28

为尝试保证图片大小满足要求，选中"重新采样"，让计算机调整像素，将分辨率改为 300 像素 / 英寸后，文件宽度为 286.1 毫米、高度为 428.27 毫米，数值符合要求，如图 2-29 所示。但此时图片变得不清晰了，有明显失真，因此判断图 2-27 中的图片 2 不符合要求。

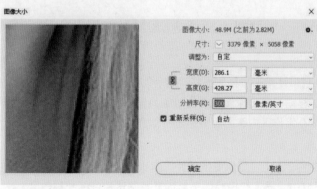

图 2-29

此时图 2-27 中的图片 3 的分辨率为 300 像素 / 英寸，仍然符合要求。因此经分辨率筛选，仅素材图片 3 初步判断可用。

（4）选择图 2-27 中的图片 3，使用工具箱中的"缩放工具" 🔍（或按 Z 键）将文件放大，并选择"抓手工具" ✋（或按 H 键）移动图片，观察图片细节是否满足需要，如图 2-30 所示。经检测可见细节清晰，初步判断该图符合要求。

技巧

双击"缩放工具"图片以大小 100% 显示，双击"抓手工具"，图片铺满工作区显示。按住键盘空格键可将当前工具自动切换为"抓手工具"，松开空格键后切换回原工具。

（5）除了可通过"图像大小"观察文档属性外，还可以在工作界面右侧的"属性"面板中查看，如图 2-31 所示。通过观察颜色的"模式"，可见该文件色彩模式为"CMYK 颜色"，满足制作杂志封面要求。

图 2-30

图 2-31

综合以上判断，经过筛选，图 2-27 中的图片 3 可以作为杂志封面素材使用。

2.3.3　使用"移动工具"摆放素材

"移动工具"属性栏如图 2-32 所示，参数详解如下。

图 2-32

- **自动选择**：可以使用下拉列表选择"图层"或"组"，不选中"自动选择"复选框，"移动工具"只能选择、移动当前工作图层内的对象，无法跨图层操作；选中"自动选择"复选框，则"移动工具"可以在工作区内跨图层或组选择对象，"移动工具"选择哪个对象，则该对象所在图层被激活。
- **显示变换控件**：选中"显示变换控件"复选框，围绕被选中的对象将显示变换控制柄，如图 2-33 所示；不选中"显示变换控件"复选框，则该控制柄会被隐藏。

■ **对齐**：当使用"移动工具"选中多个图层对象时，可以使用对齐工具自动进行左对齐、水平居中对齐、右对齐、顶对齐、垂直居中对齐、底对齐、垂直分布和水平分布。也可以单击 ⋯ 弹出对齐面板进行对齐操作，如图 2-34 所示。

图 2-33

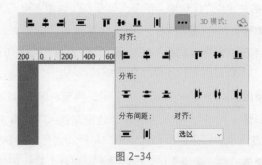

图 2-34

提示

对齐操作默认与所选对象选区对齐，如果想以文档作为参考，那么在对齐面板的"对齐"下拉列表中选中"画布"即可。

■ **3D 模式**：该组选项功能与 Photoshop CC 2020 中的 3D 功能相对应。

下面继续制作杂志封面。

（1）打开前面筛选好的图片 3，在工具箱中选择"移动工具" ⊕ 或按 V 键，在图片 3 上按住鼠标左键不放，将其拖曳到 2.3.1 节做好的"封面"文件中。

（2）调整图片至合适位置处，再使用"移动工具"选择之前做好的文字素材，将其移动到合适的位置处，利用属性栏中的"对齐"功能做排版处理，效果如图 2-35 所示。

图 2-35

拓展

打开素材的方法有很多种，如可通过图层复制、智能对象等。其他方法读者可在后面的章节中陆续接触到。

2.3.4 使用"自由变换"调整素材大小

"自由变换"属性栏如图 2-36 所示，参数详解如下。

图 2-36

■ **参考点**⬚: 用来修改图片定位点, 默认为图像中心。可以通过单击或拖曳修改图像定位点的位置。

■ **参考点坐标** X: 776.50 像素 △ Y: 1977.00 像: 通过修改参考点横坐标和纵坐标调整图片位置。单击"使用参考点相关定位"按钮△, 参考点坐标将改为以参考点为坐标原点, 便于调整图片的相对位置。

■ **缩放** W: 100.00% ∞ H: 100.00%: 通过调整水平、垂直方向的缩放百分比可以对图片进行放大和缩小。若单击"保持长宽比"按钮∞, 则可以保持对象等比例缩放; 若不单击该按钮, 则可以单独对水平、垂直方向进行不同比例的缩放。

■ **角度** △ 0.00 度 H: 0.00 度 V: 0.00 度: 通过调整角度参数控制对象旋转。

■ **斜切** △ 0.00 度 H: 0.00 度 V: 0.00 度: 通过调整水平、垂直方向斜切参数, 使对象产生斜切效果, 也就是通过两条平行边的平移, 矩形向平行四边形方向变换。

■ **插值**: 与"图像大小"中的"重新采样"算法相似, 通过不同的计算方式调整图片像素。

■ **"自由变换和变形模式切换"按钮** 🔲: 单击该按钮, 可以进入变形模式, 该模式与自由变换模式不同, 该模式可以通过对图片的区域划分, 产生区域变形效果, 如图 2-37 所示。

下面继续制作杂志封面。选择图片素材, 执行"编辑→自由变换"命令（或按 Ctrl+T 组合键）进行对象编辑, 对象四周会出现调整图像的控制柄, 可以通过拖曳控制柄, 放大、缩小、旋转图像, 将其调整到合适的大小和位置处, 如图 2-38 所示。

图 2-37

图 2-38

2.3.5　使用"参考线"进行辅助定位

在使用 Photoshop CC 2020 调整对象时, 系统会根据位置给出一些参考线条和数值作为移动、对齐的辅助, 如图 2-39 所示。

图 2-39

虽然系统辅助线可以很好地帮助用户进行排版操作，但停止操作时，辅助线会自动消失。有些时候用户需要用辅助线作为参考，需要其能在一定时间内持续存在，这就需要用到"参考线"。

要建立参考线，可以将鼠标光标移动至工作区上方、左侧标尺处，单击鼠标并拖曳即可生成水平、垂直参考线，也可以将参考线拖曳到标尺处使其消失。建立参考线后，移动对象到其附近会自动以参考线为目标吸附对齐。利用这种方法，可以建立参考线，并通过"移动工具"对封面对象进行更为准确的排版，如图 2-40 所示。

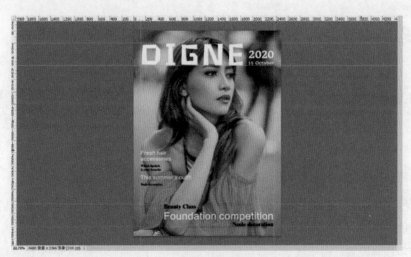

图 2-40

提示

参考线使用后可以不必一一删除，因为在最终输出的成品文件中不会显示参考线。

技巧

参考线虽然给用户提供了设计参考，极大地提高了设计的精确度，但有时参考线的存在也会影响整体效果的呈现。用户可以按 Ctrl+H 组合键显示或隐藏参考线。

2.3.6　保存文件

完成杂志封面制作后，执行"文件→存储"命令（或按 Ctrl+S 组合键），弹出"存储为"对话框，如图 2-41 所示。选择存储路径，并为文件命名，然后单击"保存"按钮，完成文件存储。

其中各选项说明如下。

■ **存储到云文档**：可以将当前文件保存在自己的账号云空间中，不受物理空间限制，可以借助网络随时随地下载使用。

■ **作为副本**：将当前文件保存为一个副本，文件仍处于打开状态。

■ **注释**：能将文件中的文字或者语音附注存储在源文件中。

■ **Alpha 通道**：能将文件中的 Alpha 通道存储在源文件中。

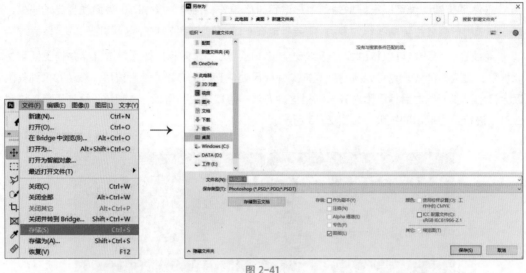

图 2-41

- **专色：** 能将文件中的专色通道存储在源文件中。

- **图层：** 能将文件中的图层信息存储在源文件中。

- **颜色：** 用于设置存储文件的颜色。

- **使用校样设置：** 由于显示器需要使用 RGB 颜色，如果打印需要 CMYK 颜色模式，那么在 RGB 模式下编辑，打印会存在问题。简单地说，该选项就是尽量避免 RGB 编辑和 CMYK 打印之间存在的色彩不一致问题，保存打印所使用的校样设置。

- **ICC 配置文件：** 用于保存嵌入文件中的色彩信息。

- **缩览图：** 为当前文件创建缩览图。

提示

新建文档第一次存储，会弹出"存储为"对话框，之后再次执行"存储"命令将不再弹出对话框，而是直接对之前文件进行覆盖保存。如果不希望覆盖，则应选择"存储为"命令，或按 Shift+Ctrl+S 组合键。

在"存储为"对话框中，除了选择文件存储路径和为文件命名外，还要确定文件格式类型。在"保存类型"下拉列表中列出了 Photoshop CC 2020 提供的文件格式，如图 2-42 所示。

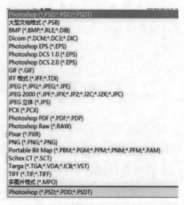

图 2-42

PSD（Photoshop document）格式是 Photoshop 特有的文件格式，该文件格式可以存储文件中的图层、通道、路径、蒙版、参考线、颜色模式等多种信息。虽然 PSD 格式文件在保存时系统会对文件进行压缩，从而减少磁盘空间的占用，但因为该格式包含的信息较多，因此文件较大，也正是因为 PSD 文件存有较多的原始数据信息，因此修改起来非常方便。

提示

低版本 PSD 文件可以用更高版本的 Photoshop 软件打开，但高版本 PSD 文件不能用低版本的 Photoshop 软件打开。

拓展

工作中可能需要早期文件，所以不建议一直使用"存储"命令覆盖之前版本的文档。可以用"XXX- 姓名 - 日期"等形式命名多个版本文件。

技巧

PSD 格式文件虽然信息量大，便于修改，但并不利于快速预览。因此除了 PSD 格式文件外，还可以再导出一些通用性强的图片文件，如 JPEG 格式的文件。

Ps

第 3 章

选区

设计工作中，我们经常要针对图像的某个部分进行调整，同时不希望影响到图像的其他部分。这种"有针对性的修改"该怎样在 Photoshop 中实现呢？当然是利用选区。

Photoshop 中，选区和图层是非常关键和重要的知识，也是 Photoshop 的精髓之所在。下面就来一起认识选区的相关知识。

3.1　认识选区

如果把课堂比作一个操作平台，那么教师面对的对象就是学生。当教师发布教学指令时，如果未做特殊说明，面向的就是全体学生；如果先选定了部分学生再发布指令，则指令通常只针对选定的学生。在 Photoshop 这样一个图像操作平台中，计算机处理的基本单位是像素，而创建选区就类似于选取一定的图像范围，后续的命令操作将都只对该选区内的对象有效。如果未建立选区，则默认为对图层中的所有对象有效。

简而言之，建立选区是进行图像编辑的前提。创建选区后，将只对特定区域内的对象进行编辑，不会对其他部分产生影响。例如，可以对选中的区域填充颜色、设置纹理和渐变、调整亮度和对比度、更改大小等，还可以将编辑好的内容存储为选区，以方便多次复制和使用。如图 3-1 所示，将红色花朵创建为选区，然后更改其颜色，可得到黄色的花。

图 3-1

Photoshop 中，可通过"选框工具""套索工具""魔棒工具""快速选择工具""形状工具""钢笔工具"等建立选区。

3.2　使用选区工具绘制徽章

1. 使用"椭圆选框工具""油漆桶工具"绘制徽章角色

（1）使用"椭圆选框工具"，按住 Shift 键的同时在画面中单击并拖曳，建立一个正圆形选区，如图 3-2 所示。再按住 Shift 键的同时单击并拖曳鼠标进行选区加选，得到的选区如图 3-3 和图 3-4 所示。

（2）使用"油漆桶工具"并在选区中单击，即可将前景色填充为黑色，如图 3-5 所示。

图 3-2

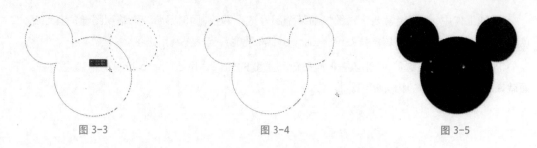

图 3-3   图 3-4   图 3-5

2．使用"修改""定义图案"命令制作内部图案

（1）执行"选择→修改→收缩"命令，在弹出的对话框中设置"收缩量"为 20 像素，如图 3-6 和图 3-7 所示。

图 3-6   图 3-7

（2）打开一个制作好的图案素材，建立一个选区，如图 3-8 所示。执行"编辑→定义图案"命令，在弹出的对话框中将所选图像定义为图案，如图 3-9 所示。

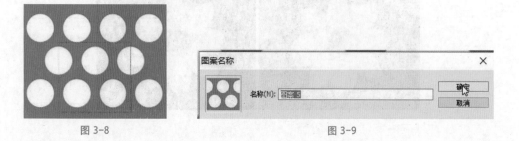

图 3-8   图 3-9

执行"编辑→填充"命令，打开"填充"对话框，如图 3-10 所示，在"自定图案"中选择刚才定义好的图案并单击"确定"按钮，对修改好的选区进行图案填充，如图 3-11 所示。

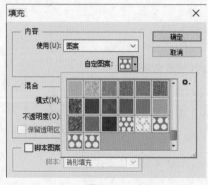

图 3-10   图 3-11

3.3　使用"套索工具""魔棒工具"创建选区

1. 使用"套索工具""多边形套索工具"选取图像

选择"套索工具"，按住鼠标左键拖曳鼠标可圈定出不规则形状的选区，松开鼠标就会形成封闭的选择区域，如图 3-12 所示。

当需要创建主要由直线连成的选区时，可以使用"多边形套索工具"。使用该工具时，只要在图像窗口内单击，就会自动按照单击的先后顺序将每个单击点之间用直线连接形成选区。创建选区过程中，如果要绘制任意曲线选区，可按住 Alt 键并拖曳鼠标。结束时，可以在选区开始点位置单击，也可以在任意地方双击，生成由双击点与开始点直线相连的选区。如果在使用"多边形套索工具"创建选区时，单击鼠标并按住 Shift 键，则可水平、垂直或者以 45 度角方向绘制直线。结束选区绘制前，如果对绘制的区域不满意，可按 Backspace 键撤销建立的多边形线条，重新进行绘制，如图 3-13 所示。

图 3-12　　　　　　　　　　　　　　　　图 3-13

2. 使用"磁性套索工具"选取图像

"磁性套索工具"在图形颜色反差较大的区域可快速创建选区。它在拖曳鼠标过程中会自动捕捉图像中物体的边缘，以形成选区，从而提高工作效率。使用"磁性套索工具"创建选区时，如果部分边缘比较模糊，可以按住 Alt 键暂时将工具转换为"套索工具"或者"多边形套索工具"继续绘制，如图 3-14 所示。

图 3-14

"磁性套索工具"功能强大,可设置宽度、对比度、频率等参数。

- **宽度:** 其数值为 1 ~ 40 像素,用来定义磁性套索工具检索的范围。数值越大,寻找范围越大,但可能导致边缘位置不准确。

- **对比度:** 用来定义"磁性套索工具"对边缘的敏感程度。较大的数值,只能检索到那些和背景对比度非常强的物体边缘;较小的数值,只能检索到低对比度的边缘。

- **频率:** 用来控制"磁性套索工具"生成固定点的多少。频率越高,固定选择边缘越快。

对于图像中边缘不明显的物体,可设定较小的宽度和对比度,跟踪的选择范围比较准确。通常来说,设定较小的"宽度"和较高的"对比度",会得到比较准确的选择范围;反之,设定较大的"宽度"和较小的"对比度",得到的选择范围会比较粗糙。

3．使用"魔棒工具"选取图像

"魔棒工具"是基于图像中相邻像素的颜色近似程度进行选择,比较适合选择纯色或者颜色差别较小的区域,其工具栏如图 3-15 所示。

图 3-15

在"魔棒工具"属性栏中,通过"容差"参数的调整可以设置"魔棒工具"的灵敏度,而通过"消除锯齿""连续""对所有图层取样"功能的选取则可以满足创建选区时的附加要求。

- **取样大小:** 用来设置魔术棒的取样范围。选择"取样点"可对光标所在位置的像素进行取样;选择"3×3 平均"可对光标所在位置 3 个像素区域内的平均颜色进行取样,其他选项以此类推。

- **容差:** 即颜色范围,它的数值为 0 ~ 255,指定了像素间色彩的近似程度,决定了以什么样的像素能够与鼠标单击点的色彩值相似,当该值较低时,只选择与单击点像素色彩非常相似的少数像素。容差数值越大,可允许的相邻像素的颜色近似程度越大,选择范围也就越大;容差数值越小,魔棒工具选择的范围就越小。最佳容差值取决于图像的颜色范围和变化程度,如图 3-16 和图 3-17 所示。

图 3-16

图 3-17

- **消除锯齿:** 通过软化边缘像素与背景像素之间的颜色过渡,使选区的锯齿状边缘更为平滑。消除锯齿功能的设置在剪切、复制和粘贴选区以创建符合图像时非常有用。

■ **连续**：选中该项时只选择使用相同颜色能够连接的区域，否则将选择整个图像中使用相同颜色的所有像素，如图 3-18 和图 3-19 所示。

图 3-18   图 3-19

■ **对所有图层取样**：使用所有可见图层中的数据选择颜色，否则将从当前所在图层中选择颜色，如图 3-20 ～图 3-22 所示。

图 3-20   图 3-21   图 3-22

Ps

第 4 章

图像处理

Photoshop 是一款图像处理软件，本章就来学习有关图像处理的基础知识。

4.1　色彩知识

色彩在物理学中是不同波段光在眼中的映射，对于人类而言，色彩是人的眼睛所感官的色的元素，而在计算机中则是用红、绿、蓝 3 种基色的相互混合来表现所有色彩，如图 4-1 所示。

图 4-1

4.1.1　认识色彩

色彩分为两类：无彩色和有彩色。无彩色包括黑、白、灰；有彩色则是黑白灰以外的颜色。色彩包括色相、明度、纯度 3 个方面的属性，又称为色彩的三要素，如图 4-2 所示。当色彩间发生作用时，除了色相、明度、纯度 3 个基本属性以外，各种色彩彼此间会形成色调，并显现出自己的冷暖倾向。

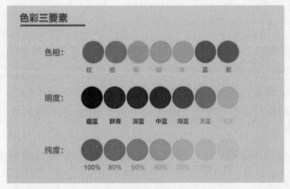

图 4-2

4.1.2　图像模式

Photoshop 提供了多种图像色彩模式，这些色彩模式是作品能够在屏幕和印刷品上成功表现的重要保障。在这些色彩模式中，经常使用到的有 CMYK 模式、RGB 模式、Lab 模式以及 HSB 模式。另外，还有索引模式、灰度模式、位图模式、双色调模式和多通道模式等。这些模式都可以在模式菜单下进行选取，每种色彩模式都有不同的色域，并且各个模式之间可以进行相互转换。下面将介绍主要的色彩模式。

1．CMYK 模式

CMYK 代表印刷使用的 4 种油墨颜色，其中 C 代表青色，M 代表洋红色，Y 代表黄色，K 代表黑色。CMYK 模式在印刷时应用了色彩学中的减法混合原理，即减色彩模式，是图片、插图和其他 Photoshop 作品中最常用的一种印刷方式。

印刷中，通常要进行四色分色，出四色胶片，然后再进行印刷。所以在印刷前一定要把图像转换为 CMYK 模式并进行色彩校对，如图 4-3 所示。

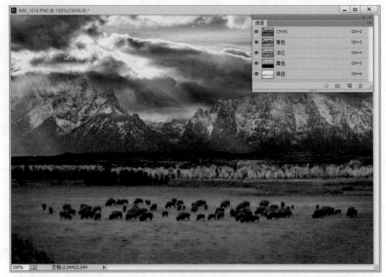

图 4-3

2. RGB 模式

RGB 是色光的色彩模式，一幅 24bit 的 RGB 图像有 3 个色彩信息的通道，分别为红色（R）、绿色（G）和蓝色（B）。每个通道都有 8bit 的色彩信息，即一个 0 ~ 255 的亮度值色域。也就是说，每一种色彩都有 256 个亮度水平级。3 种色彩相叠加，可以有 256 × 256 × 256=16777216 种可能的颜色。这么多种颜色足以表现出绚丽多彩的世界，因此 RGB 色彩模式的色域范围比 CMYK 色彩模式的色域范围更大。

在 Photoshop 中编辑图像时，RGB 模式是最佳选择，它可以提供全屏幕多达 24bit 的色彩范围，因此也被称为 True Color（真彩显示），如图 4-4 所示。

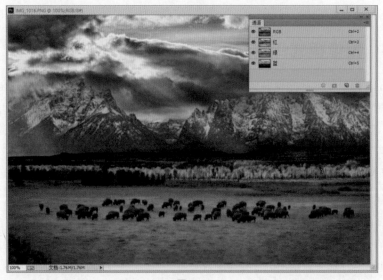

图 4-4

3．灰度模式

灰度图又叫8bit深度图。每个像素用8个二进制位表示，能产生225级灰色调。当一个彩色文件被转换为灰度模式文件时。所有的颜色信息都将从文件中丢失。尽管Photoshop允许将一个灰度模式文件转换为彩色模式文件。但不可能将原来的颜色完全还原。所以，当要转换灰度模式时，应先做好图像的备份。

与黑白照片一样，一幅灰度模式的图像只有明暗值，没有色相和饱和度这两种颜色信息。0%代表白色，100%代表黑色。其中的K值用于衡量黑色油墨用量，如图4-5所示。

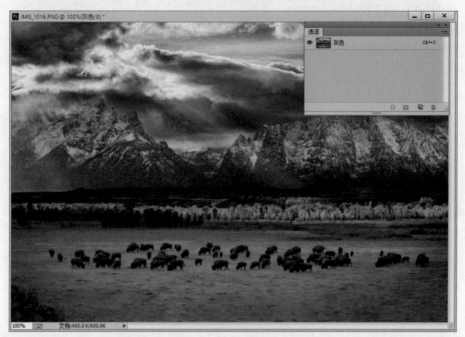

图4-5

4．Lab模式

Lab模式是Photoshop进行颜色模式转换时使用的中间模式。例如，将RGB图像转换为CMYK模式时，Photoshop会先将其转换为Lab模式，再由Lab转换为CMYK模式。因此，Lab的色域最宽，它涵盖了RGB和CMYK的色域。

在Lab颜色模式中，L代表了亮度分量，它的范围为000；a代表了由绿色到红色的光谱变化；b代表了由蓝色到黄色的光谱变化。颜色分量a和b的取值均为+12728。

Lab模式在照片调色中有着非常特别的优势，处理明度通道时，可以在不影响色相和饱和度的情况下轻松修改图像的明暗信息；处理a和b通道时，则可以在不影响色调的情况下修改颜色，如图4-6所示。

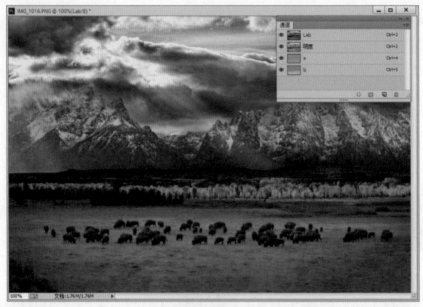

图 4-6

4.2 照片墙——照片修复

在修图过程中，经常会遇到需要调整照片背景、人物等问题，这时可以使用"污点修复画笔工具""修复画笔工具""修补工具""内容感知移动工具"来对照片进行修复。

4.2.1 使用"污点修复画笔工具"修复背景

使用"污点修复画笔工具"可以消除图像中的污点和某个对象，而且不需要设置取样点，它可以自动从所修饰的区域周围进行取样。在工具箱中选择"污点修复画笔工具"■，在背景中有污点的地方单击，即可进行修复，如图 4-7 所示。

图 4-7

4.2.2　使用"修复画笔工具"修复人物

使用"修复画笔工具"可以修复图像的瑕疵，与图章工具相似，"修复画笔工具"也可以将图像中的像素作为样本进行绘制。不同的是，使用"修复画笔工具"还可以将样本像素的纹理、光照、透明度和阴影与所修复的像素进行匹配，从而使修复后的图像不留痕迹地融入图像的其他部分中，如图 4-8 所示。

图 4-8

4.2.3　使用"修补工具"修复背景

"修补工具"可利用样本或图案修复所选图像区域中不理想的部分。在工具箱中选择"修补工具"，在选项栏中单击"新选区"按钮，选中"源"选项，拖曳鼠标绘制背景修补选区，按住鼠标左键向背景平整部分拖曳，松开鼠标后能看到需要修复的瑕疵部分与正常部分进行了很好的混合，如图 4-9 所示。

图 4-9

4.2.4　使用"内容感知移动工具"调整人物位置

使用"内容感知移动工具"可快速地重构图像。"内容感知移动工具"选项栏与"修补工具"

选项栏相似，在图像上圈选绘制区域，并将其任意地移动到指定的区域中，Photoshop 会自动将其与四周的背景融合在一起，而原始的区域则会被自动填充，如图 4-10 所示。

图 4-10

4.3　照片墙——图像调整

利用裁切工具对图像大小比例关系进行调整，或者利用调色控件对图像色调进行调整。

4.3.1　使用"裁剪工具"调整图像大小

使用"裁剪工具"可以裁掉多余的图像，并重新定义画布的大小。选择"裁剪工具"后，在画面中调整裁切框，确定要保留的部分，如图 4-11 所示；或拖曳出一个新的裁切区域，然后按 Enter 键或双击即可完成裁剪，如图 4-12 所示。

图 4-11　　　　　　　　　　　　　　　　　图 4-12

4.3.2　使用"拉直"功能对图像进行水平校正

在"剪裁工具"选项栏中单击"拉直"按钮，可在图像上拉出一条直线，以确定裁切方向，从而拉直图像，如图 4-13 和图 4-14 所示。

图 4-13   图 4-14

4.3.3 使用"透视裁剪工具"调整图像变形

使用"透视裁剪工具"可以在需要裁剪的图像上制作带有透视感的裁剪框，如图 4-15 所示。裁剪后可以对有透视感的图像进行矫正，如图 4-16 所示。

图 4-15   图 4-16

4.3.4 使用"自动色调""自动对比度"命令调整图像

使用"自动色调"和"自动对比度"命令时，不需要进行任何参数设置，即可校正数码图片中的偏色、对比过低、颜色暗淡等常见问题，如图 4-17 所示。

图 4-17

4.3.5　使用"曝光度"命令调整图像

使用"曝光度"命令可以通过调整曝光度、位移、灰度系数调整照片的对比反差,修复照片中常见的曝光过度与曝光不足的问题,如图 4-18 所示。

曝光正常　　　　　　　　　曝光不足　　　　　　　　　曝光过度

图 4-18

4.3.6　使用"曲线"命令调整图像

执行"图像→调整→曲线"命令或按 Ctrl+M 组合键,打开"曲线"对话框。在曲线上单击,可添加控制点;拖曳控制点,可改变曲线的形状,以调整图像的色调和颜色。单击控制点可选择它,按住 Shift 键的同时单击,可选择多个控制点。选择控制点后,按 Delete 键可删除控制点。

- **通道:** 设置要调整的颜色通道。调整通道会改变图像颜色,如图 4-19 所示。

图 4-19

- **预设:** 包含了 Photoshop 提供的各种预设调整文件,可用于调整图像。单击"预设"选项右侧的 ❖ 按钮,可打开一个下拉列表,选择"存储预设"命令,可以将当前调整状态保存为一个预设文件，在对其他图像应用相同调整时可选择"载入预设"命令，用载入的预设文件自动调整。选择"删除当前预设"命令，则删除所存储的预设文件。

- **通过添加点来调整曲线**：打开"曲线"对话框时，该按钮为按下状态，此时在曲线中单击可添加新的控制点，拖曳控制点改变曲线形状，即可调整图像。当图像为 RGB 模式时，曲线向上弯曲，可以将色调调亮；曲线向下弯曲，可以将色调调暗，如图 4-20 所示。

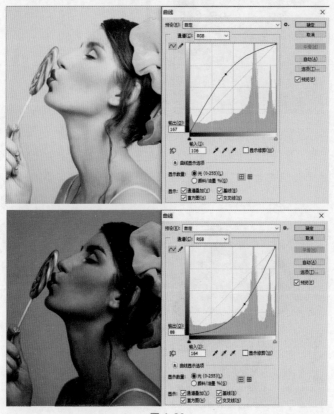

图 4-20

- **使用铅笔绘制曲线**：单击该按钮后，可自由绘制曲线，如图 4-21 所示。绘制完成后，单击该按钮，曲线上会显示控制点。

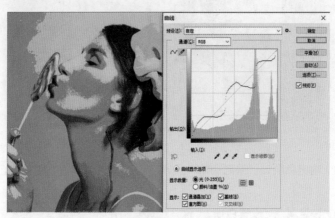

图 4-21

● **平滑**：绘制曲线后，单击该按钮可对曲线进行平滑处理，如图 4-22 所示。

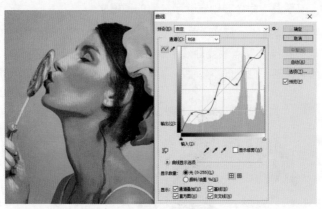

图 4-22

　　● **图像调整工具**：选择该工具后，将光标放在图像上，曲线上会出现一个空的圆形图形，它代表了光标处的色调在曲线上的位置，在画面中单击并拖曳鼠标可添加控制点并调整相应的色调，如图 4-23 所示。

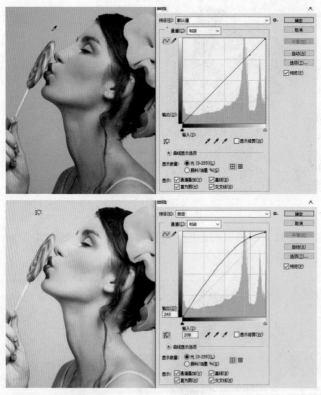

图 4-23

　　● **输入色阶 / 输出色阶**："输入色阶"显示了调整前的像素值，"输出色阶"显示了调整后的像素值。

　　● **设置黑场 / 设置灰点 / 设置白场**：这些工具与"色阶"对话框中的相应工具完全相同。

- **自动**：单击该按钮，可对图像应用"自动颜色""自动对比度"或"自动色调"进行校正。具体的校正内容取决于"自动校正选项"对话框中的设置。

4.3.7　使用"亮度/对比度"命令调整图像

通过"亮度/对比度"命令可对图像的色调范围进行调整，对于暂时不能灵活使用"色阶"和"曲线"的用户，需要调整色调饱和度时，可以通过该命令来操作。

执行"图像→调整→亮度/对比度"命令，打开"亮度/对比度"对话框，如图 4-24 所示，将"亮度"和"对比度"的滑块分别向左拖曳可降低亮度和对比度，向右拖曳可增加亮度和对比度。图 4-25 为调整前后的效果对比。

图 4-24

图 4-25

4.3.8　使用"色阶"命令调整图像

执行"图像→调整→色阶"命令或按 Ctrl+L 组合键，打开"色阶"对话框，在该对话框中有一个直方图，可以作为调整的参考依据。调整照片时，可打开"直方图"面板观察直方图的变化情况，如图 4-26 所示。

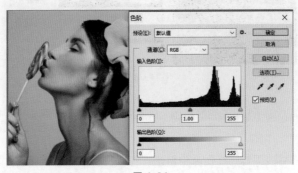

图 4-26

- **预设**：单击"预设"选项右侧的 ✿. 按钮，在打开的下拉列表中选择"存储"命令，可以将当前的调整参数保存为一个预设文件。在使用相同的方式处理其他图像时，可以用该文件自动完成调整。

- **通道:** 可以选择一个颜色通道来进行调整。调整通道会改变图像的色调，如图 4-27 所示。

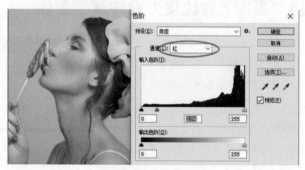

图 4-27

- **输入色阶:** 用来调整图像的阴影(左侧滑块)、中间调(中间滑块)和高光区域(右侧滑块)。可拖曳滑块或者在滑块下面的文本框中输入数值来进行调整：向左拖曳滑块，与之对应的色调会变亮；向右拖曳滑块，色调会变暗。图 4-28 分别为将滑块向左和向右拖曳的操作及其效果。

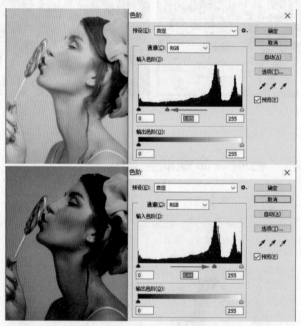

图 4-28

- **输出色阶:** 可以限制图像的亮度范围，从而降低对比度，使图像呈现褪色效果，如图 4-29 所示。
- **设置黑场:** 使用该工具并在图像中单击，可以将单击的像素调整为黑色，原图中比该点暗的像素也变成黑色，如图 4-30 所示。
- **设置灰场:** 使用该工具并在图像中单击，可根据单击点像素的亮度来调整其他中间色调的平均亮度，如图 4-31 所示。通常使用该工具来校正偏色现象。

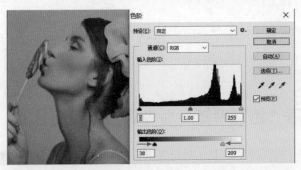

图 4-29

图 4-30

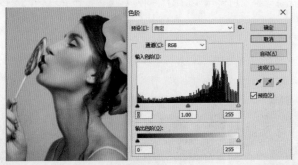

图 4-31

- **设置白场**：使用该工具并在图像中单击，可以将单击点的像素调整为白色，比该点亮度值高的像素也都会变为白色，如图 4-32 所示。

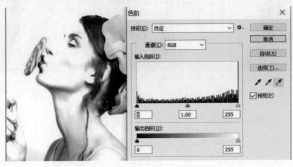

图 4-32

■ **自动**：单击该按钮，可应用自动颜色校正，Photoshop 会以 0.5% 的比例自动调整色阶，使图像的亮度分布更加均匀。

■ **选项**：单击该按钮，可以在打开的"自动颜色校正选项"对话框中设置黑色像素和白色像素的比例。

4.3.9　使用"色彩平衡"命令调整偏色图像

通过"色彩平衡"命令调色依据的是补色原理，即要减少某种颜色，就要增加这种颜色的补色。使用该命令可以控制图像的颜色分布，使其整体达到色彩平衡。执行"图像→调整→色彩平衡"命令或按 Ctrl+B 组合键，可打开"色彩平衡"对话框，如图 4-33 所示。

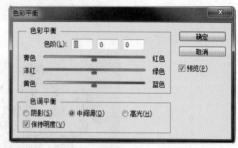

图 4-33

使用"色彩平衡"命令可调整"青色－红色""洋红－绿色""黄色－蓝色"在图像中所占的比例，可以手动输入，也可以拖曳滑块进行调整。例如，向左拖曳"青色－红色"滑块，可以在图像中增加青色，并减少其补色红色；向右拖曳"青色－红色"滑块，可以在图像中增加红色，并减少其补色青色。图 4-34 分别显示了原图、向左拖曳"青色－红色"滑块、向右拖曳"青色－红色"滑块的效果。

图 4-34

调整色彩平衡的方式包含"阴影""中间调""高光"3 个选项，图 4-35 分别显示了原图，以及向"阴影"和"中间调"选项中添加蓝色以后的效果。

图 4-35

4.3.10　使用"色相/饱和度"命令调整图像色调

色相/饱和度是基于色彩的三要素数值的调整命令控件。执行"图像→调整→色相/饱和度"命令，打开"色相/饱和度"对话框，拖曳滑块可调整颜色的色相、饱和度和明度，如图 4-36 所示。

图 4-36

- **编辑**：单击 ▼ 按钮（红色圈处为按钮位置），在其下拉列表中可以选择调整的颜色。选择"全图"，然后拖曳下面的滑块，可以调整图像中所有颜色的色相、饱和度和明度；选择其他选项，则可单独调整红色、黄色、绿色和青色等颜色的色相、饱和度和明度。图 4-37 显示了原图，图 4-38 显示了只调整红色的效果。

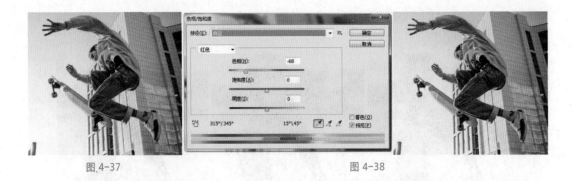

图 4-37   图 4-38

■ **图像调整工具** 🖐：选择该工具后，将光标放在要调整的颜色上，如图 4-39 所示，单击并拖曳鼠标即可修改单击点颜色的饱和度。向左拖曳鼠标可以降低饱和度，如图 4-40 所示；向右拖曳鼠标则增加饱和度，如图 4-41 所示。如果按住 Ctrl 键并拖曳鼠标，则可以修改色相，如图 4-42 所示。

图 4-39   图 4-40   图 4-41

■ **着色**：选中该复选框后，如果前景色是黑色或白色，则图像会转换为红色；如果前景色不是黑色或白色，则图像会转换为前景色的色相，如图 4-43 所示。

图 4-42   图 4-43

■ 变为单色图像以后，可以拖曳"色相"滑块修改颜色，效果如图 4-44 所示；或者拖曳下面的两个滑块调整饱和度和明度，效果如图 4-45 所示。

图 4-44　　　　　　　　　　　　　　　　　　　　图 4-45

4.3.11　使用"照片滤镜"命令调整图像色调

使用"照片滤镜"命令可以模仿在相机镜头前面添加彩色滤镜的效果，使用该命令可以快速调整通过镜头传输的光的色彩平衡、色温和胶片曝光，以改变照片的颜色倾向，如图 4-46 所示。

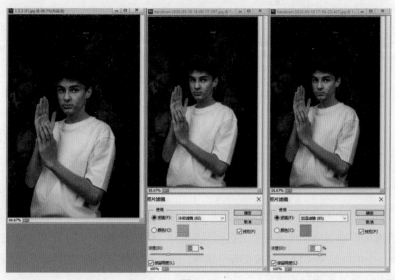

图 4-46

4.3.12　使用"HDR 色调"命令调整图像

HDR 的全称是 high dynamic range，即高动态范围。"HDR 色调"命令可以用来修补太亮或太暗的图像，制作出高动态范围的图像效果，对于处理风景图像非常有用。HDR 图像具有几个明显的特征：亮的地方可以非常亮，暗的地方可以非常暗，并且亮暗部的细节都很明显。图 4-47 和图 4-48 分别显示了原图和修补亮暗部细节后的效果。

图 4-47　　　　　　　　　　　　　　　　图 4-48

执行"图像→调整→ HDR 色调"命令，打开"HDR 色调"对话框，在该对话框中可以使用"预设"下拉列表中的"默认值"选项，也可以自行设定参数，如图 4-49 所示。

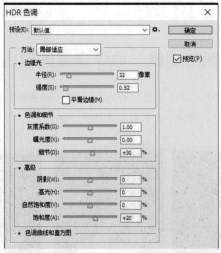

图 4-49

4.3.13　使用"阴影 / 高光"命令调整图像

"阴影 / 高光"命令常用于还原图像阴影区域过暗或过亮造成的细节损失。在调整阴影区域时对高光区域的影响很小，而调整高光区域又对阴影区域影响很小。"阴影 / 高光"命令可以基于阴影 / 高光中的局部相邻像素来校正每个像素。图 4-50、图 4-51 和图 4-52 分别显示了原图、还原暗部细节和还原亮部细节的效果。

图 4-50　　　　　　　　　　图 4-51　　　　　　　　　　图 4-52

Ps

第 5 章

图层

图层是 Photoshop 中的核心管理功能，通过图层可非常方便地管理各类像素对象和特殊对象，从而实现各种图像合成效果。如果没有图层，则所保存的图像都将处在同一个平面上，Photoshop 的强大功能也就无从谈起。

5.1　认识图层

"层"（layer）这个概念借鉴了欧洲传统绘画所使用的透明胶片技法。图层就如同堆叠在一起的透明胶片，每一张胶片（图层）上都保存着不同的图像，透过上面图层的透明区域看到下面层中的图像，对各个图层中的对象都可以单独进行处理编辑，而不会影响其他图层中的内容，如图 5-1 所示。可以对图层进行移动，还可以调整其堆叠顺序，不同堆叠顺序下的遮挡效果不同，如图 5-2 所示。

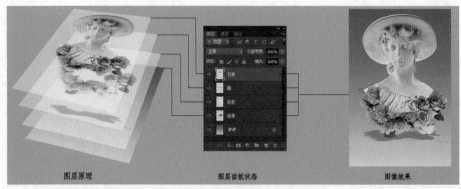

图 5-1

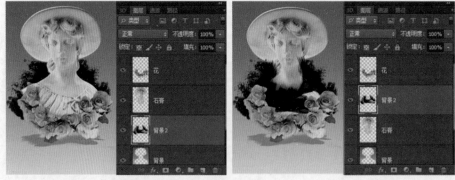

图 5-2

除"背景"图层外，其他图层都可以通过调整不透明度，让图像内容变得透明，如图 5-3 所示；还可以修改混合模式，让上下层之间的图像产生不同的混合效果，如图 5-4 所示。对不透明度和混合模式可以反复进行调节，而不会损伤图像。可以通过点亮或隐藏眼睛图标 ● 来切换图层的可视性。图层名称左侧的图像是该图层的缩略图，它显示了图层中包含的像素内容。图层中的棋盘格，则代表了透明区域。

图 5-3　　　　　　　　　　　　　　　图 5-4

5.2　创意场景制作

5.2.1　置入 / 转换为 / 编辑 / 栅格化智能对象

要想使用绘画工具和滤镜编辑文字图层、形状图层、矢量蒙版、智能对象等包含矢量数据的图层，需要先将其栅格化，使其转换为图像，才能进行相应的编辑。

选择需要栅格化的图层，执行"图层→栅格化"命令，将打开命令菜单，如图 5-5 所示。

■　**文字**：栅格化文字图层，使文字变为图像。栅格化以后，对文字内容不再进行修改。

■　**形状 / 填充内容 / 矢量蒙版**：执行"形状"命令，可以栅格化形状图层；执行"填充内容"命令，可以栅格化形状图层的填充内容，并基于形状创建矢量蒙版；执行

图 5-5

"矢量蒙版"命令，可以栅格化矢量蒙版，将其转换为图层蒙版。原形状图层以及执行各种栅格化命令后的图层状态如图 5-6 ～图 5-9 所示。

图 5-6　　　　　　　图 5-7　　　　　　　图 5-8　　　　　　　图 5-9

■　**智能对象**：栅格化智能对象，使其转换为像素。

■　**视频**：栅格化视频图层，选定的图层将被拼合到"时间轴"面板中选定的当前帧的复合中。

- **3D:** 栅格化 3D 图层。
- **图层样式:** 栅格化图层样式，并将其应用到图层内容中。
- **图层/所有图层:** 执行"图层"命令，可以栅格化当前选择的图层: 执行"所有图层"命令，可以删格化包含矢量数据、智能对象和生成的数据的所有图层。

5.2.2　使用图层样式制作投影

"投影"可以为图层内容添加投影效果，使其产生立体感，图 5-10 为"投影"图层样式对话框。

- **距离:** 用来设置投影偏移图层内容的距离，该值越大，投影越远。

将光标放在文档窗口（光标会变为移动工具 ），单击并拖曳鼠标，可直接调整投影的距离和角度，调整前后的效果如图 5-11 所示。

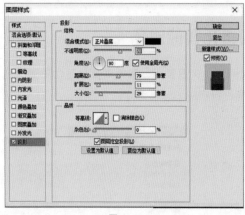

图 5-10

图 5-11

- **大小/扩展:** "大小"用来设置投影的模糊范围，该值越大，模糊范围越广，该值越小，投影越清晰; "扩展"用来设置投影的扩展范围，该值会受到"大小"选项的影响，如图 5-12 所示。
- **角度:** 用于控制产生投影的光线角度，如图 5-13 所示。

图 5-12

图 5-13

- **杂色:** 可在投影中添加杂色。该值较大时，投影会变为点状。

■ **图层挖空投影：**用来控制半透明图层中投影的可见性，选中该复选框后，如果当前图层的填充不透明度小于100%，则半透明图层中的投影不可见，如图 5-14 所示。

图 5-14

5.2.3　使用图层编组管理图层

单击"图层"面板中的"创建新组"按钮，可以创建一个空的图层组，此后所创建的图层将位于该组中，如图 5-15 所示。如果想要在创建图层组时设置组的名称、颜色、混合模式、不透明度等属性，可以执行"图层→新建→组"命令，在如图 5-16 所示的"新建组"对话框中进行设置，创建的新图层组如图 5-17 所示。

图 5-15

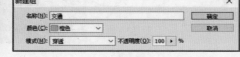
图 5-16

图 5-17

如果要将多个图层创建在一个图层组内，可以选择这些图层，如图 5-18 所示，然后执行"图层→图层编组"命令，或按 Ctrl+G 组合键，如图 5-19 所示。编组之后，可以单击组前面的三角图标收拢或者重新展开图层组，如图 5-20 所示。

图 5-18

图 5-19

图 5-20

5.2.4　通过调整图层修改细节和整体效果

调整图层可以将颜色和色调调整应用于处于其图层之下的图层，但不会改变原图层像素的色彩数值，因此不会对图像产生实质性的破坏。

在 Photoshop 中，图像色彩与色调的调整方式有两种。一种是执行"图像→调整"菜单中的命令，直接修改所选图层（见图 5-21）中的像素数据，如图 5-22 所示。

图 5-21　　　　　　　　　　　　　　　　图 5-22

　　另一种是使用调整图层来操作，调整图层可以达到同样的调整效果，但不会修改像素，如图 5-23 所示。只要隐藏或删除调整图层，就可以将图像显示为原来的状态。

图 5-23

　　创建调整图层后，颜色和色调的调整方式与参数都被存储在调整图层中，并影响它下面的所有图层。当需要对多个图层进行相同调整时，可在这些图层上方创建一个调整图层，并通过设置调整图层来影响这些图层，而不必逐个图层进行调整。

　　如图 5-24 所示，树袋熊图层位于调整图层上方，调整图层对其不产生影响；如图 5-25 所示，将树袋熊图层移到调整图层下面，就会产生和背景图层同样的效果。

图 5-24

图 5-25

Ps

第 6 章 ————

蒙版

使用 Photoshop 处理图像时,有时只希望处理图像的某个部分,而不希望其他部分受到影响,这时需要使用蒙版进行操作。

6.1　认识蒙版

我们可以将蒙版视为一种特殊的选区。常规选区设定好后,编辑操作将只对选区内图像起作用。蒙版正好相反,选区内内容得到保护,编辑操作仅对蒙版外内容起作用。这就好比是画画时蒙在画布表面的板子,其作用是保护板子下的图像。也可以将蒙版理解为一个看不见的图层,通过设置其属性,其中的对象可以显示或者隐藏。注意,蒙版是一个灰度图层,根据明暗度,可使原图像呈现保留、半透明、透明等效果。

蒙版在实际设计中用途广泛,常用的有快速蒙版、图层蒙版、剪贴蒙版和矢量蒙版。当对处理结果不满意时,可调整蒙版或撤销之前的编辑,甚至可以删除蒙版,使图像快速恢复到编辑前的状态。

6.2　制作快乐柠檬

在对图像进行局部编辑时,经常使用钢笔工具、选区等。除此之外,快速蒙版也能实现类似效果。

6.2.1　认识快速蒙版

快速蒙版模式下,可使用各种工具为图像创建蒙版,默认情况下蒙版以红色、半透明的形式呈现。退出"快速蒙版"模式后,会自动为蒙版外的部分建立选区。

（1）使用快速蒙版创建选区。在工具箱中单击"以快速蒙版模式编辑"按钮▣（或按 Q 键）,可进入快速蒙版编辑模式。该模式下,用户的所有操作都是在创建选区。例如,使用"画笔工具"在图像中涂抹,就是在为图像绘制选区范围,如图 6-1 所示的红色区域。

（2）蒙版创建完成后,再次单击"以快速蒙版模式编辑"按钮▣（或按 Q 键）可退出快速蒙版编辑模式,完成选区的创建,如图 6-2 所示。

图 6-1

图 6-2

（3）使用快速蒙版修改已有选区。使用快速蒙版还可将任何选区转换为图像以进行编辑处理，该操作将十分方便。用户可以先使用选区工具创建基本选区后，再进入快速蒙版编辑模式对已有选区进行调整。

默认情况下，快速蒙版模式下创建的图像会以红色、50% 透明度的形式呈现。用户使用"画笔工具"涂抹得到的红色区域即为蒙版区域。退出蒙版编辑模式后，系统自动对红色区域外的图像建立选区，而蒙版内图像得以保护。执行"选择→反选"命令或按 Shift+Ctrl+I 组合键，可更换选区范围。

要想更改蒙版的默认颜色及颜色指示，可双击快速蒙版按钮，打开"快速蒙版选项"对话框（见图 6-3）并进行参数调整。其中各选项的含义如下。

- **色彩指示**：设置快速蒙版模式下带颜色区域的含义和作用。
  - > **被蒙版区域**：此为默认选项。选中该单选按钮，则创建的有颜色区域是蒙版保护区域，无法直接进行编辑；而无颜色区域是不受保护区域，可进行编辑。
  - > **所选区域**：选中该单选按钮，则创建的有颜色区域是可编辑区域；无颜色区域是蒙版保护区域，无法直接进行编辑。

技巧

观察"以快速蒙版模式编辑"图标的样式，可快速判断当前色彩指示选项。当选中"被蒙蔽区域"单选按钮时，图标样式为 █；当选中"所选区域"单选按钮时，图标样式为 ▣。此图标样式很清晰地表示了蒙版选区和最终选区的样式。

- **颜色**：设置快速蒙版区域的外观形式。
  - > **色板**：设置快速蒙版的提示颜色，默认为红色。如果用户偏爱其他颜色，或原图背景也是红色，可更改此处的颜色。注意，色板颜色只是为了方便提示蒙版范围，无论这里选择何种颜色，最终都会转换为选区。
  - > **不透明度**：设置蒙版选区的透明度，100% 为不透明度，0% 为完全透明度。

快速蒙版模式下，颜色面板将被调整为灰度模式。也就是说，只能使用黑色、白色和灰色，用户选择的其他颜色将被转换为 256 级灰度模式，如图 6-4 所示。

图 6-3

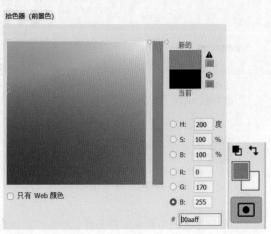

图 6-4

技巧

"快速蒙版选项"对话框中，使用黑色、白色和灰色编辑时，黑色可增加蒙版范围，白色可减少蒙版范围，灰色可创建半透明蒙版和选区。

技巧

按住 Alt 键的同时单击"以快速蒙版模式编辑"按钮，编辑退出后，再次按住 Alt 键的同时单击"以快速蒙版模式编辑"按钮，会发现蒙版区域恰好相反，如图 6-5 所示。通过该方法可快速切换蒙版区域，而不用打开"快速蒙版选项"对话框进行设置。

图 6-5

提示

使用"橡皮擦工具"对快速蒙版进行操作，所产生的效果与"画笔工具"恰好相反。

6.2.2　使用快速蒙版选择柠檬

（1）执行"文件→打开"命令，打开"柠檬"素材文件。

（2）双击工具箱中的"以快速蒙版模式编辑"按钮□（或按 Q 键），在弹出的"快速蒙版选项"对话框中，将色彩指示设为"所选区域"，如图 6-6 所示，单击"确定"按钮。

（3）单击"以快速蒙版模式编辑"按钮，进入快速蒙版编辑模式。

（4）选择"画笔工具"，打开"画笔预设"选取器，在属性栏中选择合适的笔尖形状，调整画笔大小，如图 6-7 所示。

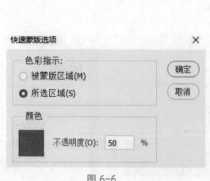

图 6-6

图 6-7

（5）将前景色设为黑色，在工作区中涂抹，使颜色覆盖柠檬，如图 6-8 所示。

默认情况下，颜色面板的前景色为黑色，背景色为白色。按 X 键可交换前景色和背景色，按 D 键可恢复默认的前景、背景色。

使用"画笔工具"时，为适应图像的各类细节变化，经常需要调整笔尖大小。每次都单击"画笔预设"选取器并进行设置，非常不方便。读者可按键盘上的左双引号（"）键，快速减小笔尖；按右双引号（"）键，快速增大笔尖。

（6）再次单击"以快速蒙版模式编辑"按钮或按 Q 键，退出快速蒙版编辑模式。此时，柠檬被快速蒙版建立的选区所选中，如图 6-9 所示。

（7）复制选区中的柠檬到新的图层中，按 Ctrl+J 组合键，并将新图层重命名为"柠檬副本"，如图 6-10 所示。

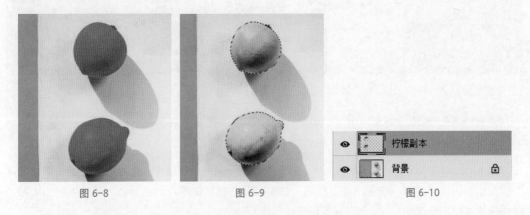

图 6-8　　　　　　　　　　　图 6-9　　　　　　　　　　　图 6-10

6.2.3　使用"扭曲"命令制作柠檬阴影

（1）选择"移动工具"，调整"柠檬副本"中的图形对象，将其放置在图像左侧蓝色背景处，如图 6-11 所示。

（2）此时左右两侧柠檬过于一致，选中"柠檬副本"图层中的所有内容，执行"编辑→变换→水平翻转"和"编辑→变换→垂直翻转"命令各一次，将柠檬调整为无序状态，如图 6-12 所示。

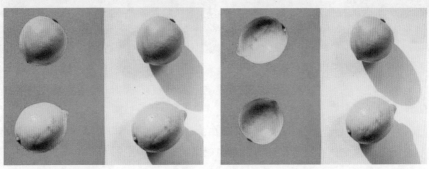

图 6-11　　　　　　　　　　　图 6-12

（3）为了单独调整每个柠檬的阴影，可以将左侧两个柠檬放到不同的图层中进行处理。选中"柠檬副本"图层，在工作区中使用"矩形线框工具"为左上方柠檬建立选区。在选区内右击，在弹出的快捷菜单中选择"通过拷贝的图层"命令。此时，该柠檬对象被复制到新的图层中，将图层重命名为"柠檬1"，如图 6-13 所示。

（4）选中"柠檬1"图层，在工具箱中将前景色设置为灰色。锁定透明像素，按 Alt+Delete 组合键填充"柠檬1"图层，如图 6-14 所示。

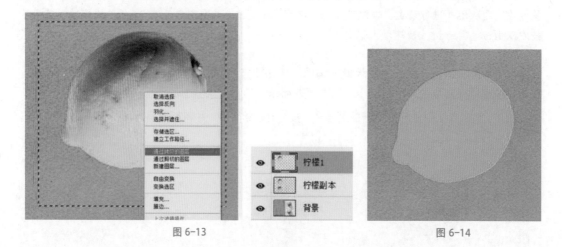

<table>
<tr><td>图 6-13</td><td>图 6-14</td></tr>
</table>

（5）执行"编辑→变换→扭曲"命令，调整阴影形状，使其与右侧阴影角度相似，如图 6-15 所示。调整后按 Enter 键确定扭曲变形。

（6）此时的阴影还不够理想，为了更加真实，可以为"柠檬1"图层添加一些效果，使其更加柔和。执行"滤镜→模糊→高斯模糊"命令，调整模糊值到合适的参数，使阴影更加柔和，完成后单击"确定"按钮，如图 6-16 所示。

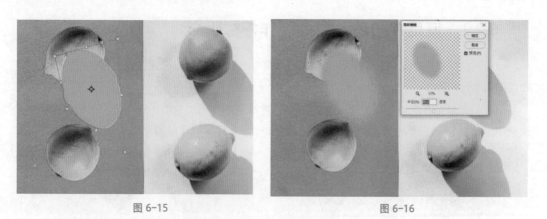

<table>
<tr><td>图 6-15</td><td>图 6-16</td></tr>
</table>

> **提示**
>
> "高斯模糊"命令会产生羽化效果，因此在执行此操作前，需要将"锁定透明像素"按钮取消选定状态，解除锁定；否则会影响高斯模糊效果的产生。

（7）为了让阴影和背景融合得更好，选中"柠檬1"图层，并修改图层混合模式为"正片叠底"，如图6-17所示。

（8）同理，再次选中"柠檬副本"图层，在工作区中使用"矩形线框工具"为左下方柠檬建立选区。在选区内右击，在弹出的快捷菜单中选择"通过拷贝的图层"命令。此时，该柠檬对象被复制到新的图层中，然后将这个新图层重命名为"柠檬2"。

重复步骤（4）～（7）操作，利用图层的形状、位置、高斯模糊、图层混合模式，将其制作为阴影，如图6-18所示。

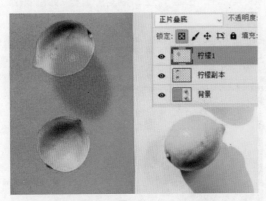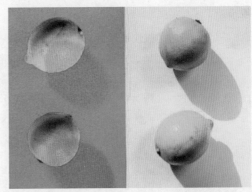

图 6-17　　　　　　　　　　　　　　　图 6-18

（9）将"柠檬副本"图层拖曳到图层最上方，完成基础图像的制作，如图6-19所示。

> **提示**
>
> 使用"图层样式"中的"投影"选项也可以制作投影，但投影的变形和透视感没有那么强，如图6-20所示。另外，在相同环境光下，左侧和右侧物体的投影方向角度应尽量保持一致。

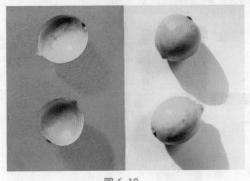

图 6-19　　　　　　　　　　　　　　　图 6-20

6.2.4　使用快速蒙版制作图像边框

（1）盖印可见图层或按Shift+Ctrl+Alt+E组合键，生成"图层1"。将除了"图层1"之外的其他图层隐藏。

提示

盖印可见图层和合并可见图层不同。前者是将当前可见图层合并在一个新的图层里，原始图层仍然存在，如果需要修改内容，只需修改原始图层并再次盖印；而后者是将当前所有可见图层合并在一起，不保留原始图层，不便于后期修改。当不确定后续是否还要做更改的情况下，建议使用盖印可见图层来合并图像效果。

（2）运用快速蒙版制作边框。选择"矩形选框工具"，在"图层1"上绘制矩形边框，如图6-21所示。

（3）双击"以快速蒙版模式编辑"按钮，在弹出的对话框中，选中"色彩指示"选项组中的"被蒙蔽区域"单选按钮，单击"确定"按钮，如图6-22所示。

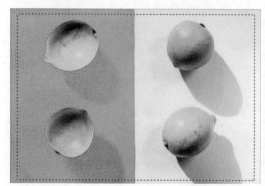

图 6-21

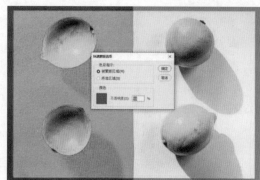

图 6-22

（4）执行"滤镜→像素化→晶格化"命令，调整"单元格大小"数值，使边框边缘有明显的凹凸变化后，单击"确定"按钮添加效果，如图6-23所示。

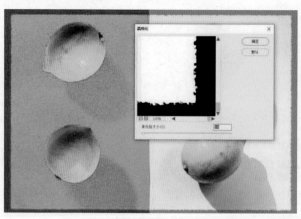

图 6-23

（5）执行"滤镜→滤镜库"命令，在"滤镜库"对话框中，选择"画笔描边→喷色描边"滤镜，调整"描边长度""喷色半径"数值以及"描边方向"，使边框边缘产生不规则的线条变化，如图6-24所示。单击"确定"按钮添加效果，如图6-25所示。

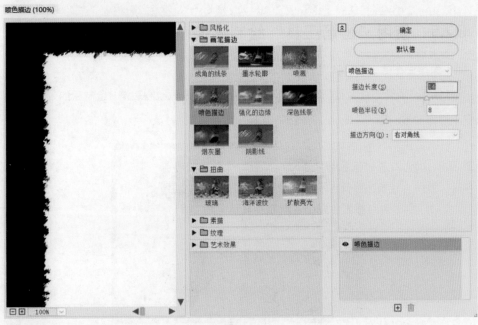

图 6-24

（6）虽然快速蒙版也是用来创建选区的，但与套索工具、钢笔工具、魔棒工具、快速选择工具等选区工具明显不同的是，快速蒙版会以图像的形式创建选择区域，因此几乎可以使用Photoshop CC 2020 中所有的工具进行编辑，使选区改变得更加容易，形式更加多样。

（7）按 Q 键退出快速蒙版编辑模式，并执行"选择→反选"命令（或按 Shift+Ctrl+I 组合键），如图 6-26 所示。

图 6-25

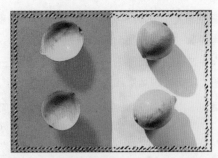

图 6-26

（8）按 Ctrl+J 组合键，将当前选区内容复制到一个新图层中，并将该图层重命名为"边框"。

（9）执行"编辑→变换→水平翻转"命令，如图 6-27 所示。

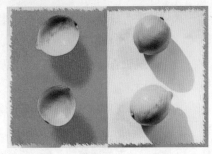

图 6-27

6.2.5 使用"画笔工具"绘制表情

（1）新建空图层，并将其重命名为"表情"。

（2）使用"画笔工具"，选择合适的笔尖和颜色，为柠檬绘制表情。绘制后的效果如图6-28所示。

图 6-28

（3）执行"文件→存储"命令，完成快乐柠檬图像的制作。

6.3 瓶中畅游

在处理图像的时候，经常需要保留或隐藏图像中的某一部分特定区域。虽然可以通过选区等工具实现，但存在几个问题：一是选择后修改不方便，需要重修操作；二是可能对图像产生有损操作，这是图像处理中需要尽量避免的；三是不能很好地实现半透明效果。因此软件为我们提供了图层蒙版处理类似问题。

本节将通过案例认识并讲解图层蒙版的原理、效果及使用方法、技巧。

6.3.1 认识图层蒙版

图层蒙版与快速蒙版一样，也是利用黑色、白色和灰色来处理图像的。但与快速蒙版不同的是，图层蒙版不是创建或编辑选区，而是直接操作它作用的图层。

选中要添加蒙版的图层，单击"图层"面板下方的"添加蒙版"按钮，即可成功添加图层蒙版，如图6-29所示。

图层蒙版可以理解为一张盖在图层上的玻璃板，本身是透明的，默认为白色，用户可以通过"玻璃板"看到图层中的内容。如果我们在图层蒙版上涂抹了黑色，那么黑色部分覆盖的内容就会被遮住，从而无法看到，在软件中表现为图像消失了；如果我们在图层蒙版上涂抹了白色，那么白色部分覆盖的内容就会恢复显示，在软件中表现为图像再次出现；如果我们在图层蒙版上涂抹了灰色，那么灰色部分覆盖的内容就会出现一部分，在软件中表现为图像处于半透明状态。效果如图 6-30 所示。

图 6-29　　　　　　　　　　　图 6-30

提示

用户可以通过在蒙版上涂抹黑、白、灰来控制图像的隐藏与显示，这种控制不像橡皮擦类工具那样直接修改原图，而是在蒙版上进行涂抹操作，因此不会对原图层内容产生破坏性操作，并且可以随时停用或扔掉蒙版使其还原。

在图层蒙版上右击，可弹出蒙版属性。

6.3.2　创建瓶体蒙版

（1）打开"瓶子"素材文件，在工具箱中双击"抓手工具"，使素材填满工作区以进行显示。

（2）按 Ctrl+J 组合键复制背景图层到新的图层中，并将复制出来的新图层重命名为"瓶体"。

（3）在工具箱中右击"快速选择工具"，从工具组列表中选中"对象选择工具"，如图 6-31 所示。使用该工具框选瓶子主体部分，快速创建选区，如图 6-32 所示。

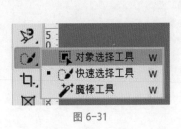

图 6-31　　　　　　　　　　图 6-32

（4）使用"多边形套索工具""快速选择工具"等选区工具对不理想的选区进行修整，如

图 6-33 所示。

（5）确保"瓶体"图层处于选中状态，单击"图层"面板下方的"添加蒙版"按钮，Photoshop 会根据当前选区自动生成一个图层蒙版。

隐藏"背景"图层可以看到，除瓶体以外的内容已经被图层蒙版黑色部分屏蔽，不再显示。利用蒙版的屏蔽功能，我们成功地将瓶体从原图中分离出来，如图 6-34 所示。

图 6-33　　　　　　　　　　　　　　　　　　　　图 6-34

6.3.3　使用图层蒙版制作瓶中素材

（1）打开"潜水"素材，在图层上右击，在弹出的快捷菜单中选择"复制图层"命令，如图 6-35 所示。选择要复制的目标文件"瓶子.psd"，修改目标图层名称为"潜水"，如图 6-36 所示。

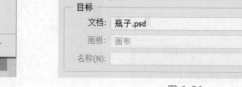

图 6-35　　　　　　　　　　　　　　　　　　　　图 6-36

提示

在图层上右击时，不要选择图层缩览图位置，应在其右侧区域单击；否则弹出的是缩览图菜单，没有"复制图层"等相关选项。

可以执行"文件→打开为智能对象"命令将素材作为"智能对象"进行打开。作为智能对象，将图像放大或缩小的时候不会丢失像素，能较好地保留原始信息。另外，如果图像中引用了同一个智能对象的多个副本，那么修改时只需修改源智能对象文件，所有副本文件都可以同步更新。

图 6-37

（2）使用工具箱中的"移动工具"，调整"潜水"素材的位置，使人物主体出现在瓶子中，如图 6-37 所示。

为了更好地调整图像位置，可以将上一图层图像的透明度适当降低一些，或者更换一个图层混合模式，这样可以同时看到两个图层混合的效果，以方便调整两个图层内容的相对位置。当调整完成后，再将透明度或图层混合模式改回原值即可。

（3）对齐素材位置后，只需将瓶子以外的内容去除即可。此操作和抠出瓶子原理相同，甚至蒙版也相同，因此我们可以将"瓶体"图层蒙版复制到"潜水"图层中即可。具体方法是按住 Alt 键，同时单击并拖曳蒙版到"潜水"图层中，松开鼠标，可以发现该蒙版被复制到"潜水"图层中，如图 6-38 所示。

（4）显示"背景"图层。至此，完成了潜水人物和瓶子的初步合成，如图 6-39 所示。

图 6-38

图 6-39

6.3.4　使用"收缩"命令调整瓶壁

因为"瓶体"图层和"潜水"图层使用相同的蒙版，所以显示内容的范围高度一致。但事实上瓶壁存在一定的厚度，因此需要对"潜水"素材边缘进行适当的缩减。

（1）按 Ctrl 键，同时单击"潜水"图层的"图层蒙版缩览图"，执行"载入选区"命令，如图 6-40 所示。

（2）执行"选择→修改→收缩"命令，弹出"收缩选区"对话框。设置合适的收缩量，使选区整体向内缩小，如图 6-41 所示。

图 6-40

图 6-41

（3）选区外部为需要屏蔽的区域。将选区反选（按 Shift+Ctrl+I 组合键），将前景色设置为"黑色"，并将前景色填充至"潜水"图层蒙版中。蒙版黑色区域沿瓶壁扩大，将瓶壁内素材进行隐藏，素材沿瓶壁进行了收缩，生成瓶壁效果，如图 6-42 所示。

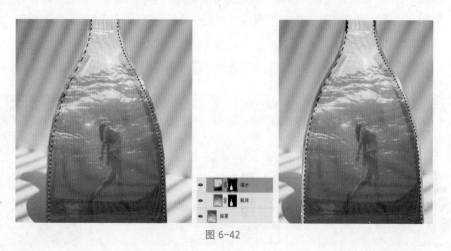

图 6-42

提示

向蒙版上填充黑色前，要确认当前蒙版是否被激活。不能选择对蒙版图层缩览图进行操作，否则将对图层内容进行修改，而不是修改图层蒙版。

6.3.5 使用图层混合模式叠加素材

（1）复制"潜水"图层，将"潜水 拷贝"图层的图层混合模式设置为"叠加"。

（2）复制"潜水"图层，将"潜水 拷贝 2"图层的图层混合模式设置为"滤色"。

（3）复制"瓶体"图层，将"瓶体 拷贝"图层移动到图层堆栈的最上方，并将其图层混合模式设置为"正片叠底"，如图 6-43 所示。

（4）盖印可见图层，并修改图层名为"盖印图层"。

（5）单击"图层"面板下方的"创建新组"按钮，将新建的图层组命名为"原图层"，并将除了"盖印图层"之外的其他图层拖入图层组中进行隐藏。

图 6-43

6.3.6　使用"仿制图章工具"修图

（1）打开"鱼尾"素材文件，将其拖曳到"盖印图层"上方。

（2）按 Ctrl+T 组合键执行"自由变换"命令，调整"鱼尾"素材的大小和位置，使其和图中人物位置大致匹配，如图 6-44 所示。

（3）修图去除鱼尾没有覆盖的腿部图像。单击工具箱中的"仿制图章工具"，按 Alt 键，在要去除的腿部图像附近选取源点，使用"仿制图章工具"单击腿部图像，此时 Photoshop 软件会用刚刚选取的源点内容覆盖当前内容。用此方法，可以快速将鱼尾没有覆盖的腿部图像去除，如图 6-45 所示。

图 6-44

图 6-45

技巧

使用"仿制图章工具"时，可以使用缩放画笔笔尖大小的快捷键""（左双引号）和""（右双引号）快速调整图章的大小。为了使图像修复得更加逼真，可以根据需要，经常更换仿制图章的源点。

6.3.7　调整"鱼尾"素材

Photoshop 中调色的工具十分丰富，本例中鱼尾、海水以及人物上半身的颜色有些不和谐，需要进行调色。

（1）执行"图像→调整→色相 / 饱和度"命令（或按 Ctrl+U 组合键），弹出"色相 / 饱和度"对话框。调整"色相"属性值，添加一些青绿色，并适当降低"饱和度"数值，如图 6-46 所示。

（2）选中"鱼尾"素材图层，单击"图层"面板下方的"添加蒙版"按钮，为"鱼尾"素材添加一个图层蒙版。

（3）在工具箱中，将前景色设置为"黑色"，使用画笔工具在蒙版中涂抹鱼尾末端，使末端边缘和背景融合得更加自然，如图 6-47 所示。

图 6-46

图 6-47

6.3.8　使用调整图层调整整体效果

（1）单击"图层"面板下方的"创建新的填充或调整图层"按钮，在弹出的快捷菜单中选择"照片滤镜"命令，Photoshop 软件会在图层堆栈的最上方生成一个"照片滤镜"调整图层，如图 6-48 所示。

图 6-48

（2）单击"照片滤镜"调整图层左侧的"图层缩览图"，在"属性"面板中，从"滤镜"属性下拉列表中选择"冷却滤镜82"，将整个作品调整为冷色系效果。

（3）降低"密度"属性，使"冷却滤镜82"强度减弱。

（4）选中"保留明度"选项，在添加滤镜的同时保留原图像高光，使其减少因调色导致的变暗，如图6-49所示。

（5）执行"文件→存储"命令，完成"瓶中畅游"作品的制作，如图6-50所示。

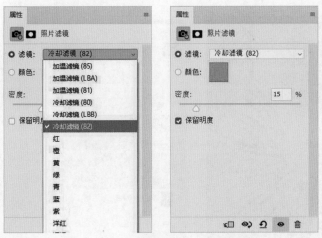

图 6-49

图 6-50

在使用图层蒙版时，右击图层蒙版缩览图，弹出功能菜单，如图6-51所示。

- **停用图层蒙版**：选择"停用图层蒙版"命令后，关闭蒙版效果，但蒙版仍然保留在图层中。此时该功能变为"启用图层蒙版"，可以选择再次打开蒙版。

- **删除图层蒙版**：将图层蒙版丢弃，不再保留在图层中。

- **应用图层蒙版**：选择该命令后，图层蒙版与图层效果进行合并。在蒙版作用下隐藏的图层内容被删除。虽然从直观效果上看，图层蒙版和使用蒙版没什么区别，但蒙版是通过灰度值对图层内容进行隐藏和显示的，可以随时修改图层内容。一旦应用了图层蒙版，蒙版就会消失，图像也会被破坏性修改。

图 6-51

- **添加蒙版到选区**：根据当前蒙版内容，在图层中生成一个选区。白色为选区内部，黑色为选区外部，灰色为半透明羽化效果。

- **从选区中减去蒙版**：如果图层中已经存在选区，则选择该命令后，从已有选区中减去当前蒙版可建立的选区范围。简单理解为从图层选区中去除蒙版中白色区域。

- **蒙版与选区交叉**：如果图层中已经存在选区，则选择该命令后，保留已有选区和当前蒙版可建立选区的公共部分。简单理解为保留图层选区和蒙版白色区域公共部分。

- **选择并遮住**：以当前蒙版为基础，调整边缘属性等，用法与工具箱中各类选区工具的属性栏中的"选择并遮住"按钮相同。
- **蒙版选项**：调整蒙版显示的颜色和不透明程度。该选项调整蒙版显示样式，与图像成品的制作效果无关。

> **提示**
>
> 蒙版选项要打开通道中的蒙版显示按钮才能看到效果，默认情况下不显示，如图 6-52 所示。

图 6-52

6.4 人像二次曝光效果制作

二次曝光，也称为多重曝光，简单来说就是把两张及以上的照片叠加在一起，最终成为一张图片的拍摄技巧。多重曝光可以使用单反相机进行拍摄，除了相机要具备多重曝光功能外，拍摄者还要在脑海中先进行二次曝光构图，构思多重影像叠加后的效果。

使用 Photoshop 也可以完美糅合多张照片，得到人像二次曝光效果。

> **拓展**
>
> 人像二次曝光常见的效果有重叠、残影和分身。重叠素材一般应该主题明确，主图需要干净些，不要过于凌乱，再叠加一些点缀图片。如果主题太杂，那么可能会导致作品混乱。

6.4.1 认识剪贴蒙版

剪贴蒙版的功能在 Photoshop 软件中存在已久，但之前被称作剪贴图层，直到 Photoshop 7.0

版本以后才被更名为剪贴蒙版。

　　剪贴蒙版与图层蒙版不同，它是由多个图层共同组成的一个图层群组。最下面的图层被称为"基底图层"，剪贴蒙版群组中除基底图层之外的上方图层通常被称为"顶层"。每个剪贴蒙版群组中，基底图层只能有一个，但顶层图层可以有很多个。

　　与图层蒙版不同的是，剪贴蒙板通过基底图层影响一组图层，基底层约束了一个范围，顶层内容只能在该范围内显示。这个范围与颜色无关，由透明度决定，如图 6-53 ～图 6-55 所示。

图 6-53

图 6-54

图 6-55

　　而每个图层蒙板只作用于一个图层，利用灰度值对图层内容进行遮挡，可以简单理解为图层蒙版影响着它所作用的图层对象的透明度。

6.4.2　使用"对象选择工具"初选人物轮廓

　　制作二次曝光作品，首先要根据创意选择两个图像素材，一个作为主图，另一个作为合成素材。

　　（1）执行"文件→打开"命令，选择"人物"素材并打开。

　　（2）为了使二次曝光素材显示在人物轮廓内部，需要先将人物从图中抠选出来。建立选区的工具有很多，这里使用"对象选择工具"快速选取图中主体内容。

　　（3）单击工具箱中的"快速选择工具组"，在弹出的快捷菜单中选择"对象选择工具"命令。使用该工具框选图像中人物部分，软件会为框选范围内的主体对象自动建立选区，如图 6-56 所示。

图 6-56

6.4.3　使用"选择并遮住"调整边缘

　　使用"对象选择工具"构建的选区比较粗糙，细节边缘处还需进一步调整。

（1）在人物抠图中，发丝细节需要仔细处理。单击属性栏中的"选择并遮住"按钮，图像进入调整界面，如图 6-57 所示。

（2）为了更好地观察图像边缘细节，需要在"属性"面板的"视图模式"中，将"视图"调整为合适的模式，如"黑底"，如图 6-58 所示。

图 6-57   图 6-58

（3）选择左侧工具箱中的"调整边缘画笔工具"在发丝边缘处涂抹，将多余的背景从发丝中去除，如图 6-59 所示。

图 6-59

提示

人物头发抠图可以使用调整边缘、通道、剪贴蒙版等多种方法，无论哪种方法，都需要耐心处理，不要过分依赖软件的"自动"处理能力。

6.4.4 使用剪贴蒙版调整发丝细节

（1）执行"通过拷贝的图层"命令（或按 Ctrl+J 组合键）复制当前选区内容到新图层中。此时有部分发丝细节因抠图原因处于半透明状态，需要涂抹上色，使其变实。

（2）新建一个空图层"图层2"，按住 Alt 键，在"图层1"和"图层2"交界处单击，可以将"图层2"作为顶层图层，将"图层1"作为基底图层，建立剪贴蒙版，如图6-60所示。

（3）使用"画笔工具"，选取待修复发丝附近的头发颜色作为前景色，在发丝上涂抹，使半透明状态发丝重新变清晰，如图6-61所示。

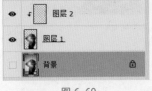

图 6-60

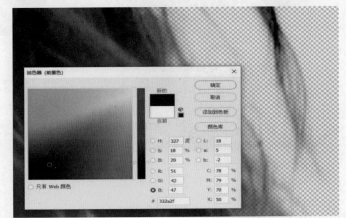

图 6-61

提示

用画笔涂抹发丝颜色的操作要在剪贴蒙版的顶层"图层2"中进行，受基底层"图层1"的控制，人物之外的地方即使被画笔涂上颜色，在剪贴蒙版中也无法显示，只有发丝处可以被涂抹。利用这个特点，多次选取不同位置的发丝颜色，可以将发丝细节尽量多地复原出来。

6.4.5　使用剪贴蒙版叠加素材

（1）打开"光影"素材，使用"移动工具"将素材拖曳到"二次曝光"文件，放置在"图层3"中。

（2）执行"编辑→自由变换"命令（或按 Ctrl+T 组合键），调整"图层3"素材文件的大小、位置和角度，使其符合二次曝光构图需要，如图6-62所示。

技巧

调整素材时可以先将图层不透明度降低，控制位置、角度、大小，可以直观地呈现合成后的效果。调整完毕后再将图层不透明度还原为100% 即可。

（3）按住 Alt 键，在"图层3"和"图层2"交界处单击，可以将"图层3"作为顶层图层，将"图层1"作为基底图层，建立剪贴蒙版，如图6-63所示。

提示

一组剪贴蒙版有一个基底图层和多个顶层图层，因此按住 Alt 键，在"图层3"和"图层2"交界处单击，也是将"图层3"编入同一组剪贴蒙版中，仍然受同一个基底图层"图层1"的约束。

图 6-62

图 6-63

6.4.6　使用图层蒙版调整二次曝光效果

（1）为了产生二次曝光的效果，将"图层3"的透明度适当降低。

（2）选中"图层3"，单击"图层"面板下方的"添加图层蒙版"按钮，为其建立图层蒙版。

（3）选择"渐变工具"，在其属性栏中选择渐变色为"从前景色到透明渐变"。选择"渐变类型"为"径向渐变"。将前景色设为黑色，在蒙版中进行拖曳，绘制渐变色。使人物面部被蒙版黑色所覆盖，即面部光影素材被隐去，如图 6-64 所示。

（4）画面底部路面有些过于突出，使用"画笔工具"，在图层蒙版中涂抹，使其效果隐去一些，更加自然，如图 6-65 所示。

图 6-64

图 6-65

　　使用"画笔工具"调整内容时，选择柔边画笔，并将笔尖适当放大，用笔尖边缘操作画面，效果更加自然。

　　（5）至此完成了二次曝光效果的制作。执行"文件→存储"命令（或按 Ctrl+S 组合键）保存源文件；也可执行"文件→存储为"命令（或按 Shift+Ctrl+S 组合键），在弹出的"另存为"对话框中，选择"保存类型"为 JPEG，单击"保存"按钮。在"JPEG 选项"对话框中选择合适的"图像质量"和"格式选项"后，单击"确定"按钮，保存最终作品，效果如图 6-66 所示。

图 6-66

Ps

第 7 章 ————

通道

通道是 Photoshop 中一个非常重要的知识点，是读者从入门步入精通阶段的必经之路。

最初，通道是用来存储图像选区信息的。例如，我们在图像中建立了选区，即使保存了源文件，再次打开文件时，这些选区也会消失不见。通过通道就可以将这些选区保存起来，使用时可直接载入，非常方便。当然，也可以将选区信息保存在图层里，但占用的内存空间要大很多（通道层是 8 位的，图层是 24 位的）。而且，图层信息只能被 Photoshop 打开并识别，但通道信息可以被支持通道的多种图像文件格式记录并打开，如 TIFF、TGA、RAW 等，更便于在不同应用程序间共享信息。

发展到如今，通道除了可以保存选区信息，还可以保存某种色彩信息。例如，RGB 图像可以保存红、绿、蓝 3 种颜色在图像中的分配，CMYK 图像可以保存青色、洋红、黄色、黑色 4 种颜色在图像中的分配。编辑图像的过程，其实就是在编辑各个颜色通道。

7.1 使用通道分离主体

图像由不同的色彩通道组成，用户可通过操作通道来调整图像。本节通过案例，介绍通道的基本知识、操作方法、使用技巧以及注意事项。

7.1.1 认识通道

通道包括 4 类，分别是复合通道、颜色通道、Alpha 通道和专色通道。当一幅图像被创建时，颜色模式决定了自动创建的通道数量。例如：RGB 图像会自动创建红、绿、蓝 3 个颜色通道和一个复合通道；CMYK 图像会自动创建青色、洋红、黄色、黑色 4 个颜色通道和一个复合通道。

1. 复合通道

复合通道不存储任何信息，只是所有颜色通道混合后的最终效果预览，与在图层中看到的结果一致。选中复合通道后，所有颜色通道会被一起选中，如图 7-1 所示。

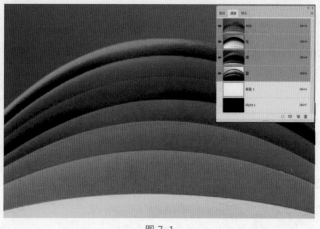

图 7-1

2．颜色通道

图片被建立或打开时会自动创建多个颜色通道，一个通道保存一种信息，例如，蓝色通道只记录图像包含的蓝色信息，看不到其他色彩信息。

通道层都是灰度图像，通过灰度值记录该色彩在图像中有多少。例如，选中红色通道，看到的不是红色图像，而是灰度图像，如图 7-2 所示。其中，亮度较高的地方说明该颜色相对较多，反之则说明该颜色相对较少甚至没有。

图 7-2

> **技巧**
>
> 通道编辑完成后，返回图像图层前，需要选中复合通道。如果忘记退出颜色通道，直接返回"图层"面板，则可能会出现原图仍处于灰度模式，无法直接编辑的情况。

3．Alpha 通道

Alpha 通道由用户创建，用来保存选区、蒙版等信息。经常使用载入选区操作，将通道中的白色部分作为选区载入，黑色部分不在选区范围内，灰色部分则以半透明形式作用于选区。类似于将原图剥离出一部分，呈现半透明状态。

4．专色通道

专色通道是一种特殊的通道，常用于图像印刷输出时，为局部添加一种或多种 CMYK 以外的颜色。印刷中，除常用颜色外，经常还需要做一些特殊处理，如增加荧光油墨、夜光油墨、套版印制无色系（如烫金）等，这些特殊颜色的油墨就是常说的"专色"，它们无法用三原色油墨混合而成，需要使用专色通道与专色印刷。Photoshop 中存有专色油墨列表，我们只需选择需要的专色油墨，软件就会自动生成与之相对应的专色通道。

> **提示**
>
> 专色通道与颜色通道不同，用黑色表示选择，即喷绘油墨；用白色表示不选择，即不喷绘油墨。由于大多数专色无法在显示器上直观地呈现效果，因此其制作过程很大程度上依赖于工作经验。

> **技巧**
>
> 选择通道的快捷键为"Ctrl+ 数字"，数字 2 代表第一个通道。可根据规律自行增加数字，即用 Ctrl+2、Ctrl+3 等组合键依次选择各个通道。

7.1.2　"通道"面板的基本操作

1．"通道"面板菜单

以 RGB 图像文件为例，默认通道为复合通道和红、绿、蓝 3 个颜色通道。在"通道"面板中，单击对应的颜色通道，即可观察图像中该颜色的相关信息。

单击"通道"面板右上角的菜单按钮，在弹出的菜单命令中可以执行新建、复制、删除等操作，如图 7-3 所示。这里，由于选中了复合通道，而复合通道只是其他通道的预览，不存在实际信息，因此无法进行复制通道、删除通道等操作。切换到某个颜色通道上，这些命令即为可执行状态。

提示

一次只能复制一个通道，但可以同时删除多个通道。

2．通道按钮

"通道"面板下方有 4 个功能按钮，从左到右依次是"将通道作为选区载入"按钮⊙、"将选区存储为通道"按钮▣、"创建新通道"按钮▣和"删除当前通道"按钮▣。

- **将通道作为选区载入**：当图像中有通道存在时，该按钮显示为可用状态。单击该按钮后将当前选中通道作为选区载入。白色在选区内，可编辑；黑色在选区外，被保护；灰色为半透明选区。

- **将选区存储为通道**：当图像中有选区存在时，该按钮显示为可用状态。单击该按钮后将当前选区作为通道保存下来，并保存在一个新建的 Alpha 通道中。原选区内部转换为白色通道，原选区外部转换为黑色通道，原选区半透明选区转换为灰色通道。

- **创建新通道**：单击该按钮后在"通道"面板中新建一个 Alpha 通道。默认 Alpha 通道为纯黑色，即默认新通道没有编辑部分，没有可选区域存在。

- **删除当前通道**：删除选中的通道层。

3．颜色通道操作

单击某个颜色通道，该通道将被选中，此时工作区以灰度显示此颜色信息。

要复制通道，除了使用"通道"面板菜单外，还可以先选中某个通道，再将其拖曳到面板下方的"创建新通道"按钮▣处，然后松开鼠标以实现复制，如图 7-4 所示。

图 7-3

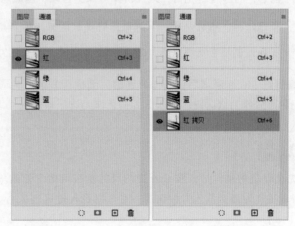

图 7-4

要删除通道，可选中通道后直接单击面板下方的"删除当前通道"按钮▣，也可以将某个颜色通道拖曳到"删除当前通道"按钮处，然后松开鼠标以实现删除。

通过拖曳方式删除通道，不会弹出提示框，松开鼠标时通道将被直接删除。

4．Alpha 通道操作

在"通道"面板中，单击下方的"创建新通道"按钮⊞，或使用"新建通道"菜单命令，均可生成 Alpha 通道。使用菜单命令创建 Alpha 通道时，会弹出"新建通道"对话框，如图 7-5 所示。其参数和快速蒙版选项一致，这里不再赘述。

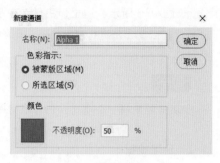

图 7-5

技巧

在"通道"面板中，按 Alt 键的同时单击"创建新通道"按钮，也会弹出"新建通道"对话框。

创建 Alpha 通道后，可使用相关工具对通道进行编辑，编辑过程类似快速蒙版。Alpha 通道中白色为可编辑区域，也就是在原图中创建选区的区域；黑色为被保护区域，也就是原图中选区外的区域；在灰色部分将会创建半透明选区，如图 7-6 所示。

技巧

编辑 Alpha 通道时，直接绘制颜色，看不见原图，会产生较大困难。此时可以打开复合通道缩览图左侧的"指示通道可见性"按钮，显示通道颜色和复合通道，便于操作。

技巧

默认情况下，在"新建通道"对话框中使用黑色、白色和灰色编辑 Alpha 通道时分别产生的效果参考如下。

- **黑色**：增加通道范围，扩大图像的保护区域，缩减原图选区范围，即黑色为不可选择区。
- **白色**：减少通道范围，缩减图像的保护区域，扩大原图选区范围，即白色为选择区。
- **灰色**：创建半透明蒙版，产生半透明选区，即灰色为半透明选择区。

编辑好 Alpha 通道后，单击"通道"面板下方的"将通道作为选区载入"按钮，可以将通道中亮色部分作为选区进行载入，即白色作为选区被载入，黑色不被载入，灰色作为半透明选区被载入，如图 7-7 所示。

技巧

完成通道的编辑后，按 Ctrl 键的同时单击通道左侧缩览图，也可以载入选区。将通道拖曳到"将通道作为选区载入"按钮上，也可以载入通道选区。

5．专色通道操作

专色通道用于保存专色信息，它的色域很宽，准确性也非常高，可以用于补充或者替代印刷色。虽然印刷作品常使用 CMYK 色彩模式，但专色中大部分的颜色是 CMYK 无法呈现的。专色通道的操作和 Alpha 通道类似，也可以通过黑色、白色和灰色建立选区。

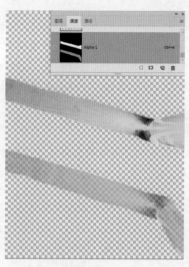

图 7-6   图 7-7

在"通道"面板中单击右侧按钮▤，弹出快捷菜单选项，从中选择"新建专色通道"命令，可新建专色通道，如图 7-8 所示。

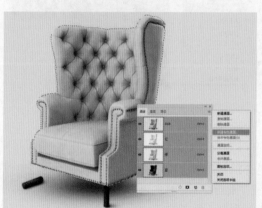

图 7-8

与颜色通道、Alpha 通道不同，专色通道用黑色表示选择，即喷绘油墨；用白色表示不选择，即不喷绘油墨。默认情况下，新建的空专色通道为白色。如果原图像存在选区，则建立专色通道后自动为选区填上黑色，即选区内为选择喷绘油墨。

此外，双击已经存在的 Alpha 通道，在"通道选项"对话框的"色彩指示"栏中选中"专色"单选按钮，调整颜色和密度后单击"确定"按钮，可以将 Alpha 通道转换为专色通道，如图 7-9 所示。

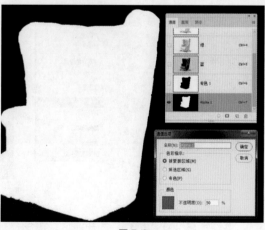

图 7-9

~ 提示 ~

　　Alpha 通道与专色通道的选区和被保护区域的表示方式恰好相反，因此通过双击 Alpha 通道建立的专色通道与原图选区恰好相反。要想得到原图选区内容，需要执行"图像→调整→反向"命令（或按 Ctrl+I 组合键）将专色通道反向。

~ 技巧 ~

　　除位图模式外，其他颜色模式下均可以创建专色通道。只要有专色通道存在，即使原图像为灰度模式，也可通过专色通道呈现彩色效果。

　　在"专色通道选项"（可双击专色通道显示）中，设置好专色通道的颜色和浓度后，单击"确定"按钮，可以修改专色属性。也可以使用相关工具绘制黑色、白色、灰色来控制专色油墨喷绘区域。完成编辑后，执行"通道"面板弹出菜单中的"合并专色通道"命令，可以将专色通道与原图像的复合通道合在一起，如图 7-10 所示。

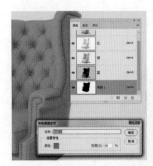

图 7-10

6．通道分离与合并

　　图像是由多种颜色混合而成的，且这些颜色分别被保存在独立通道中，利用这个特点可以将原图进行拆分与合并。合并时可以通过选项设置，混合出不一样的色彩文件。

　　在"通道"面板弹出菜单中执行"分离通道"命令，原图的红、绿、蓝 3 个颜色通道被分别拆分为 3 个灰度文件，如图 7-11 所示。

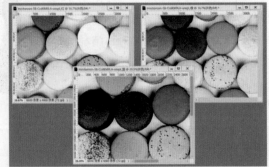

图 7-11

　　选择任意文件，执行"合并通道"命令，打开"合并通道"对话框，设置文件色彩模式为

"RGB 颜色"，通道数为 3，用于保存分离出来的红、绿、蓝 3 个通道文件，然后单击"确定"按钮，在打开的"合并 RGB 通道"对话框中可以将分离出来的 3 个文件分别映射到新文件的红、绿、蓝通道中，如图 7-12 所示。

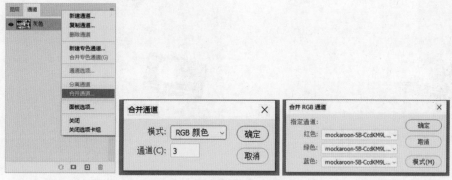

图 7-12

合并时可以调整各个通道的颜色信息。例如，原绿色通道映射到新红色通道、原蓝色通道映射到新绿色通道、原红色通道映射到新蓝色通道，单击"确定"按钮后得到一个 RGB 文件。因为颜色映射与原文件不同，合并后产生了色相的改变，如图 7-13 所示。

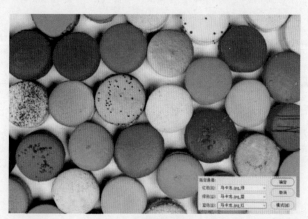

图 7-13

7. 存储与载入选区

执行"选择→存储选区"命令，弹出"存储选区"对话框，如图 7-14 所示。其中的各项参数含义如下。

- **文档**：从下拉列表中选择要存储选区的目标文件。
- **通道**：从下拉列表中选择要存储选区的目标通道。如果原图没有 Alpha 通道，这里选择"新建通道"；如果原图已有 Alpha 通道，这里选择已有通道。默认为"新建通道"。
- **名称**：保存的目标通道名称。当选择已有通道时，此选项不可用。
- **新建通道 / 替换通道**：与上方通道的选择对应。当选择已有 Alpha 通道时，此选项将变更为"替换通道"，同时下方的 3 个选项被激活，如图 7-15 所示。

图 7-14

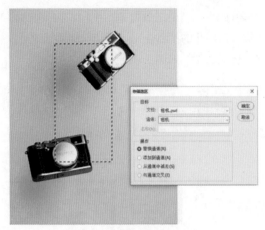

图 7-15

- **添加到通道**：将当前选区以"添加到选区"的计算方式加入原有 Alpha 通道中，形成新的通道。

- **从通道中减去**：将当前选区以"从选区减去"的计算方式加入原有 Alpha 通道中，如有交叉部分，则在原通道基础上减去当前选区，形成新的通道。

- **与通道交叉**：将当前选区以"与选区交叉"的计算方式加入原有 Alpha 通道中，如有公共部分，则只保留公共选区，形成新的通道。

将选区作为通道进行保存，不仅占用空间小，而且可以与其他软件共享通道，如 TIFF、PNG 等，以提高了图像编辑的便捷性。

当需要再次使用选区时，执行"选择→载入选区"命令，弹出"载入选区"对话框，如图 7-16 所示。各项参数含义如下。

图 7-16

- **文档**：从下拉列表中选择要载入选区的目标文件。

- **通道**：从下拉列表中选择要载入选区的目标通道。

- **反相**：选中该复选框，选区将被反选。默认为不选中状态。

- **新建选区 / 替换通道**：载入选区时，如果原图没有其他选区存在，则在"操作"栏中只能选中"新建选区"，建立一个当前通道表示选区；如果原图有其他选区存在，那么"操作"栏中的选项均变为可用状态。

- **添加到选区**：将通道选区以"添加到选区"的计算方式加入原有选区中，形成新的选区。

- **从选区中减去**：将通道选区以"从选区减去"的计算方式加入原有选区中，如有交叉部分，则在原选区基础上减去通道选区，形成新的选区。

- **与选区交叉**：将通道选区以"与选区交叉"的计算方式加入原有选区中，如有公共部分，则只保留公共选区，形成新的选区。

7.1.3　使用红色通道提取红色信息

（1）执行"文件→打开"命令（或按 Ctrl+O 组合键），打开"火"素材，如图 7-17 所示。可以看到，火焰主体不是纯色，还包含着不同的明暗变化。此类图像如果用选区工具抠图，很难将主体从背景中分离出来，并保留明暗变化，但利用通道很容易解决。

（2）打开"通道"面板，单击"红"通道，显示红色信息。此时工作区中显示的只有红色。按住 Ctrl 键并单击"红"通道，将其载入当前通道选区中，如图 7-18 所示。

（3）单击复合通道，回到"图层"面板。然后单击下方的"创建新图层"按钮，新建一个空图层，并将其命名为"红"。

（4）为了便于观察，隐藏"背景"图层，如图 7-19 所示。

图 7-17

图 7-18

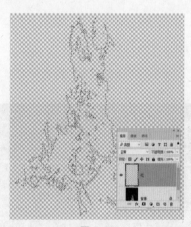
图 7-19

（5）由于选区内保存的是红色对应的图像信息，双击"设置前景色"图标，在拾色器中设置前景色为纯红色（R: 255，G: 0，B: 0），如图 7-20 所示，单击"确定"按钮。

（6）按 Alt+Delete 组合键，将红色填充到选区内。完成填充后，按 Ctrl+D 组合键取消选区。此时，原图中的红色图像已被成功分离出来了，如图 7-21 所示。

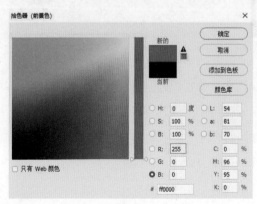
图 7-20

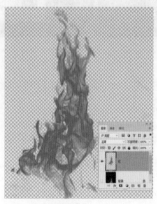
图 7-21

7.1.4　使用绿色通道提取绿色信息

（1）单击"指示图层可见性"按钮，隐藏"红"图层，显示"背景"图层。

提示

一定要先隐藏分离出来的红色图层，再继续分离其他颜色；否则，在复合通道中看到的图像将是叠加了红色的图像，不是原图。其他颜色的分离同样需要先隐藏。

（2）打开"通道"面板，单击"绿"通道，显示绿色信息。此时工作区中显示的只有绿色。按住 Ctrl 键并单击"绿"通道，将其载入当前通道选区中，如图 7-22 所示。

（3）单击复合通道，回到"图层"面板。然后单击下方的"创建新图层"按钮，新建一个空图层，并将其命名为"绿"。

（4）为了便于观察，隐藏"背景"图层，如图 7-23 所示。

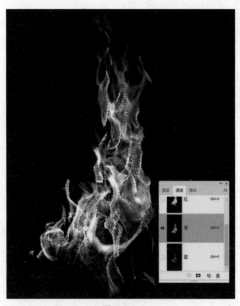

图 7-22

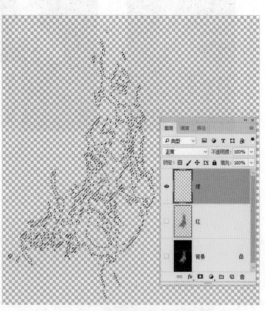

图 7-23

（5）选区内保存的是绿色对应的图像信息，双击"设置前景色"图标，在拾色器中设置前景色为纯绿色（R:0，G:255，B:0），如图 7-24 所示，单击"确定"按钮。

（6）按 Alt+Delete 组合键将绿色填充到选区内。完成填充后，按 Ctrl+D 组合键取消选区。此时原图中的绿色图像已经被成功分离出来，如图 7-25 所示。

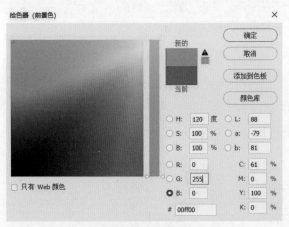

图 7-24

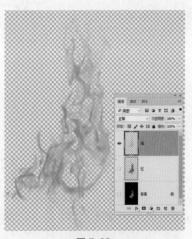

图 7-25

7.1.5 使用蓝色通道提取蓝色信息

（1）单击"指示图层可见性"按钮，隐藏"红""绿"图层，显示"背景"图层。

（2）打开"通道"面板，单击"蓝"通道，显示蓝色信息。此时工作区中显示的只有蓝色。按住 Ctrl 键的同时单击"蓝"通道，将其载入当前通道选区中，如图 7-26 所示。可见红、绿、蓝这 3 种颜色中，蓝色信息最少，因此火焰偏黄色。

（3）单击复合通道，回到"图层"面板。单击下方的"创建新图层"按钮，新建一个空图层，并将其命名为"蓝"。

（4）为了便于观察，隐藏"背景"图层，如图 7-27 所示。

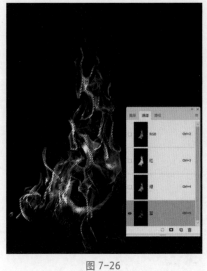

图 7-26

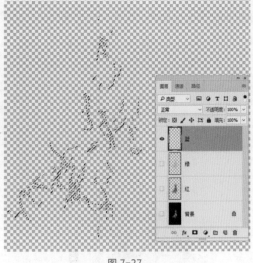

图 7-27

（5）选区内保存的是蓝色对应的图像信息，双击"设置前景色"图标，在拾色器中设置前景色为纯蓝色（R:0，G:0，B:255），如图 7-28 所示，单击"确定"按钮。

（6）按 Alt+Delete 组合键将蓝色填充到选区内。完成填充后，按 Ctrl+D 组合键取消选区。此时原图中的蓝色图像已经被成功分离出来，如图 7-29 所示。

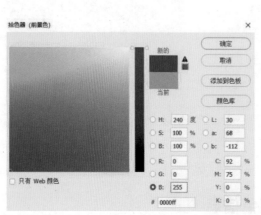

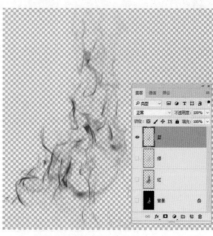

图 7-28

图 7-29

至此，原图像中的红色、绿色、蓝色信息已经被成功分离出来。

7.1.6   使用图层混合模式叠加色彩图层

（1）显示"红""绿""蓝"3 个图层。此时，虽然 3 种颜色互相覆盖，但并没有原图中火焰的呈现效果，如图 7-30 所示。

（2）将最上方两个颜色图层的混合模式更改为"滤色"，此时 3 种颜色混在一起，形成原图像中火焰效果。至此，主体火焰已经成功从图像中被分离出来，如图 7-31 所示。

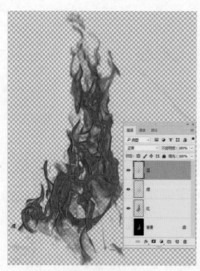

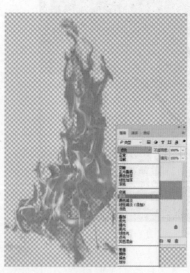

图 7-30

图 7-31

RGB 模式的图像分离使用"滤色"图层样式进行混合，而 CMKY 不能使用该图层混合模式，应使用"正片叠底"。

技巧

可以在颜色图层下方新建一个纯黑色背景图层，对比观察是否与原图一致。这种通道分离原图颜色的方法，抠图可以最大程度地保留明暗细节，快速分离主体。

（3）按 Shift+Ctrl+Alt+E 组合键，盖印可见图层，将火焰合并到一个图层上，并修改图层名称为"火焰"。

提示

本例中素材背景为纯黑色（R:0, G:0, B:0），不包含任何颜色信息，因此载入选区时不会被选中。利用此方法可快速去除背景。当素材背景是白色时是否一样可行呢？白色（R:255, G:255, B:255）是红、绿、蓝叠加后形成的颜色，所以当将其载入选区时会被选中，无法直接将白色背景去除。

技巧

如果素材背景是白色，分离主体前可先执行"图像→调整→反向"命令（或按 Ctrl+I 组合键），将背景转为黑色，再分离主体。分离后将主体内容再次"反向"，即可得到与原图一致的主体图像。

7.1.7 使用分离的素材进行创意合成

（1）按 Ctrl+O 组合键，打开"手"素材文件。

（2）将"火焰"图层复制到"手"文件中，如图 7-32 所示。然后按 Ctrl+T 组合键，调整火焰位置、大小、角度，如图 7-33 所示。

（3）此时发现火焰底部过宽，需要调整。执行"编辑→操控变形"命令，单击为变形对象添加控制点。拖曳控制点，调整火焰形状，如图 7-34 所示。

（4）调整完成后，按 Enter 键确认变形，如图 7-35 所示。

图 7-32   图 7-33   图 7-34   图 7-35

（5）利用之前所学方法（如"选择主体""对象选择工具""快速选择工具""套索"等）为图 7-35 中的手部建立选区。

（6）单击"火焰"图层，单击"图层"蒙版下方的"添加图层蒙版"按钮。此时手部区域以外的内容被蒙版屏蔽，如图 7-36 所示。

（7）单击图层蒙版缩览图，按 Ctrl+I 组合键执行反向操作，将手部区域内容屏蔽掉，将手部以外内容显示出来。这样与手部重叠的火焰被蒙版屏蔽并消失，如图 7-37 所示。

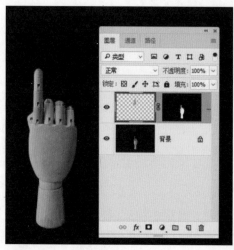

图 7-36

图 7-37

（8）按 Shift+Ctrl+Alt+E 组合键，盖印可见图层，生成一个新图层，修改图层名称为"合成"，隐藏其他图层。

（9）选中"合成"图层，执行"滤镜→Camera Raw"命令，调整参数，对整体效果进行微调。

（10）执行"文件→存储"命令（或按 Ctrl+S 组合键），在弹出的"另存为"对话框中输入文件名，选择文件类型为 PSD 格式，单击"保存"按钮，如图 7-38 所示。

图 7-38

7.2　制作广告图

图片广告是互联网广告中最基本的形式之一，当用户单击这些广告图的时候，页面可以跳转到广告页。广告页面力求简洁、重点突出、配色合理，能快速吸引读者的注意。

7.2.1　使用"多边形套索工具"和"矩形选框工具"绘制背景

（1）执行"文件→新建"命令（或按 Ctrl+N 组合键），在弹出的"新建文档"对话框中设置文档为 1920 像素 ×1080 像素，分辨率为 72 像素 / 英寸，如图 7-39 所示，单击"创建"按钮。

提示

设置宽度和高度时，一定要注意单位。

技巧

网络广告等电子作品的分辨率为 72 像素 / 英寸即可，如需要打印（如杂志封面等），应达到 300 ～ 350 像素 / 英寸。

（2）执行"图层→新建→图层"命令（或按 Shift+Ctrl+N 组合键）创建一个新图层，并将其命名为"底色"。双击工具箱中的"设置前景色"工具按钮，在弹出的"拾色器（前景色）"对话框中设置 L 为 90，如图 7-40 所示。

图 7-39

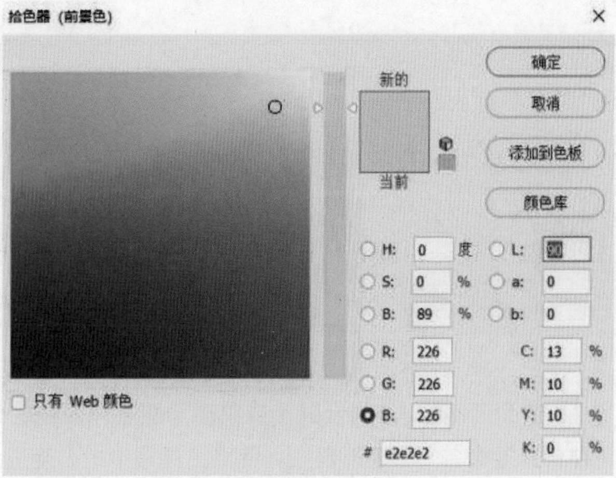

图 7-40

（3）将前景色中的灰色填充到"底色"图层中，按 Ctrl+T 组合键，执行"自由变换"命令，将灰色缩小，如图 7-41 所示。

（4）按 Shift+Ctrl+N 组合键（或单击"图层"面板底部的"创建新图层"按钮）新建图层，

使用"多边形套索工具"在图层左侧绘制一个三角形选区，设置前景色为 #f7b2c4 并填色。完成填色后，按 Ctrl+D 组合键，取消选区，如图 7-42 所示。

图 7-41　　　　　　　　　　　　　　　　　图 7-42

技巧

　　绘制图形时，不要紧贴着画布边缘进行绘制。如果稍有偏差，就会出现类似"白边"的现象。应在稍微大于画布的范围内进行绘制，输出的作品只显示画布范围内的图像，因此不必担心画布外的内容影响最终作品效果。

　　（5）为使画面更加"活跃"，更有层次感，绘制另一个图形。再次按 Shift+Ctrl+N 组合键（或单击"图层"面板底部的"创建新图层"按钮）新建图层，使用"多边形套索工具"在图层左上方绘制一个多边形选区，设置前景色为 #a0d7d2 并填色。完成填色后，按 Ctrl+D 组合键，取消选区，如图 7-43 所示。

　　（6）为了便于管理，同时选择做好的 3 个颜色图层，单击"图层"面板底部的"创建新组"按钮，将背景色块放入一个组中，并将组重命名为"色块"，如图 7-44 所示。

图 7-43　　　　　　　　　　　　　　　　　图 7-44

　　（7）按 Shift+Ctrl+N 组合键（或单击"图层"面板底部的"创建新图层"按钮）新建一个图层，并将其重命名为"矩形框"。使用工具箱中的"矩形选框工具"，在该图层内绘制一个矩形选区。

　　（8）执行"编辑→描边"命令，在弹出的"描边"对话框中，设置描边"宽度"为 12 像素，边缘"颜色"为纯白色，"位置"为"内部"，单击"确定"按钮，如图 7-45 所示。

图 7-45

选择"内部"进行描边，会沿着选框内侧绘制线条，在拐角处容易出现尖角。使用"居中"或"外部"描边，绘制的线条会出现在选框外，可以设置相对圆润的拐角。

（9）按 Ctrl+D 组合键取消选区。

（10）绘制矩形选区时，极有可能未绘制在画布中心位置。可在按住 Ctrl 键的同时单击"矩形框"图层和"背景"图层，在"属性"面板的"对齐并分布"栏中选择"水平居中对齐"和"垂直居中对齐"选项，如图 7-46 所示，矩形框就会被放置在画布中心位置处。

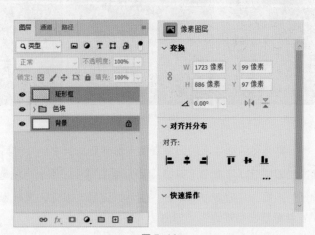

图 7-46

需要选择一个以上的对象才能使用"对齐并分布"，如果只选一个图层，那么它就会显示灰色禁用状态。

7.2.2 使用选区工具选择主体内容

（1）选择"文件→打开"命令（或按 Ctrl+O 组合键），打开"主图"素材。

（2）使用工具箱中的"对象选择工具"，在背景中框选人物部分，如图 7-47 所示。

图 7-47

（3）因为计算机自动选择主体不够精确，因此需要对选区进行浏览和检查。滚动鼠标"滚轮"将图像放大，按住 Backspace 键，此时光标变成抓手图标，单击并拖曳鼠标可以移动图像。通过放大、缩小、移动操作，可以发现图像中选区存在的细节问题。

（4）在发现问题的地方，使用选区工具（如套索工具、快速选择工具、魔棒工具等），按 Alt 键，激活"从选区减去"功能，或按 Shift 键，激活"添加到选区"功能，对已有选区进行进一步的调整，使选区更加精细，如图 7-48 所示。

图 7-48

（5）按 Ctrl+J 组合键将当前选区内的图像复制一份到新图层中，并将其命名为"主体"。

（6）执行"选择→取消选择"命令（或按 Ctrl+D 组合键），取消当前选区。

（7）隐藏"背景"图层，观察复制出来的"主体"图层，发现人像基本被选取出来，但通过选区工具处理后，发丝细节没有被选中，如图 7-49 所示。

图 7-49

7.2.3　使用通道抠取人物发丝

发丝细节很多，不宜使用选区工具直接选取，可以利用通道来进行发丝抠图。

（1）隐藏"主体"图层，显示"背景"图层。进入"通道"面板中，选择各个颜色通道，选择一个发丝和背景对比最明显的颜色通道。经比较，在"蓝"通道中，发丝和背景的对比相对明显。

（2）拖曳"蓝"通道到面板下方的"创建新通道"按钮处，松开鼠标，创建"蓝"通道的副本通道，如图 7-50 所示。

图 7-50

> **提示**
>
> 因为颜色通道中保存着原图像的颜色信息，一旦修改，原图就会随之发生变化。因此不要直接在通道中调整，应该先复制一份再调整，在副本中的操作不影响原图。

（3）为了发丝能被更好地从背景中分离出来，需要进一步调整图像色阶。执行"图像→调整→色阶"命令（或按 Ctrl+L 组合键）。调整参数，使发丝和背景对比更加明显，如图 7-51 所示。

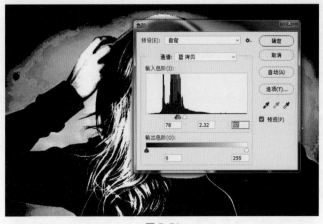

图 7-51

色阶调整滑块分为黑色、灰色、白色 3 个。黑色滑块表示图像暗部，向右滑动会加深暗部，使图像黑色部分更多。白色滑块表示图像亮部，向左滑动会提亮亮部，使图像白色部分更多。灰色滑块表示图像中性色部分，向左滑动，中性色会变暗；向右滑动，中性色会变亮。

（4）此时除了发丝，其余部分已被分离出来，因此在通道中只需要处理发丝部分，其他部分可以忽略。使用画笔工具，将前景色设置为纯白色（#FFFFFF）。保留发丝区域（不用很精确地选择发丝），将除此之外的内容填充为白色，如图 7-52 所示。

（5）使用工具箱中的"减淡工具"涂抹灰色部分，使其变白。在这个过程中，一些比较细的灰色发丝会变白消失，这时我们可以使用"加深工具"将其恢复。

（6）单击"通道"面板下方的"将通道作为选区载入"按钮（或按住 Ctrl 键，单击通道缩览图），将当前通道作为选区载入，如图 7-53 所示。

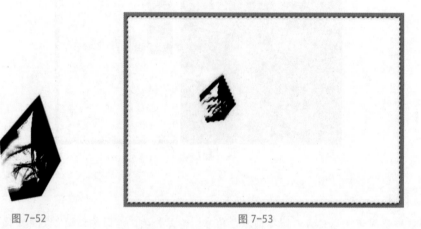

图 7-52　　　　　　　　　　　　　　　　图 7-53

载入选区时，白色为选区内部，即可编辑部分；黑色为选区外部，即受保护部分。

（7）我们希望得到的是发丝，也就是黑色部分，因此需要执行"选择→反选"命令（或按 Shift+Ctrl+I 组合键）。

（8）单击复合通道，然后单击"图层"面板返回图层。

（9）单击"背景"图层，按 Ctrl+J 组合键执行"通过拷贝的图层"命令。发丝被复制到一个新建图层中，并将该新建图层重命名为"发丝"。执行"选择→取消选择"命令（或按 Ctrl+D 组合键），取消当前选区，如图 7-54 所示。

很多时候，通道抠出发丝后，发丝有"发白"的情况出现。我们可以选择工具箱中的"加深工具"，将范围属性设置为"高光"，然后在发丝处涂抹，可以快速统一发色，去除发丝细节"发白"的现象。

图 7-54

按 Shift+Ctrl+Alt+E 组合键，盖印可见图层，将"主体"图层和"发丝"图层进行合并，将盖印生成的新图层重命名为"人物"。

7.2.4 使用通道制作视觉障碍效果

（1）将抠出的"人物"图层拖曳到"广告"文件中，然后执行"编辑→自由变换"命令（或按 Ctrl+T 组合键），调整人像位置和大小，如图 7-55 所示。

> **提示**
>
> 将人物下边缘尽量摆放在矩形线框能够覆盖的位置处，以免出现"穿帮"画面，影响制作效果。

（2）选择"人物"图层，按 Ctrl+J 组合键执行"通过拷贝的图层"命令两次，复制出两个副本图层。

（3）选择"人物 拷贝"图层，在"图层"面板右击，在弹出的快捷菜单中执行"混合选项"命令，如图 7-56 所示。

图 7-55

图 7-56

（4）弹出"图层样式"对话框，找到"高级混合"栏中的"通道"属性，将"G（G）"选项设为不选中状态，如图 7-57 所示。此时图像呈现"绿色"，如图 7-58 所示。

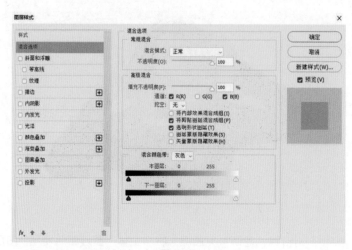

图 7-57

图 7-58

（5）同理制作红色图像。选择"人物 拷贝 2"图层，在"图层"面板中右击，在弹出的快捷菜单中执行"混合选项"命令。

（6）弹出"图层样式"对话框，找到"高级混合"栏中的"通道"属性，将"R（R）"选项设为不选中状态。此时图像呈现"红色"，如图 7-59 所示。

图 7-59

（7）选择工具箱中的"移动工具"，分别将"人物 拷贝"图层和"人物 拷贝 2"图层左右微调，产生位移，错位后产生一种"视觉障碍"效果，如图 7-60 所示。

~~~ 技巧 ~~~

按键盘方向键"左箭头"和"右箭头"可以微调图层对象。

（8）视觉障碍效果可以为作品添加趣味性，但不能因此影响图像的识别，因此需要将人物的面部还原。拖曳"人物"图层到图层堆栈的最上层，此时"视觉障碍"效果被遮盖，不只是面部，整体效果明显减退，如图 7-61 所示。

图 7-60

图 7-61

（9）我们只需要让面部清晰即可，这一效果可以用蒙版来实现。使用"套索工具"（或"快速选择工具"等合适的选区工具均可）为人物面部建立选区，如图 7-62 所示。

图 7-62

（10）单击"图层"面板下方的"添加图层蒙版"按钮，以当前选区建立一个图层蒙版。此时选区内部（人物面部）处于可编辑状态，其他图像内容被屏蔽。显示人像相关的 3 个图层，图层叠加后的效果如图 7-63 所示。

图 7-63

提示

建立图层蒙版是为了保留一个清晰的面部，使用选区工具框选面部边缘时可以不用太精确。

（11）同时选择做好的 3 个人像图层，单击"图层"面板底部的"创建新组"按钮，将以上 3 个图层放入一个组中，并将组重命名为"人像"。

7.2.5　使用蒙版制作穿越画框效果

（1）选择"矩形框"图层，按 Ctrl+J 组合键执行"通过拷贝的图层"命令，复制出一个"矩形框 拷贝"图层。

（2）将"矩形框 拷贝"图层移动至图层堆栈最顶层，单击"图层"面板下方的"添加图层蒙版"按钮，为当前图层建立一个图层蒙版，如图 7-64 所示。

（3）用选区工具在需要跨越的矩形框范围内建立选区。可以一次建立一个选区，也可以按住 Shift 键，执行"添加到选区"命令，一次建立多个选区，如图 7-65 所示。

（4）确保图层蒙版缩览图处于选中状态，设置前景色为黑色（#000000），按 Alt+delete 组合键为选区内部填充前景色。此时黑色部分内容被屏蔽，即人物上方的部分矩形框消失，如图 7-66 所示。

（5）执行"选择→取消选择"命令（或按 Ctrl+D 组合键），取消当前选区。

图 7-64

图 7-65

图 7-66

7.2.6　使用"横排文字工具"制作文案

（1）选择工具箱中的"横排文字工具"，在工作区内单击，创建一个文字图层。

（2）在属性栏中，设置字体为"黑体"，字号为"30"，输入文字"生 / 活 / 不 / 仅 / 仅
是 / 一 / 种 / 态 / 度"。

（3）在属性栏中，设置字体为"黑体"，字号为"121"，输入英文"Attitude"。

（4）在属性栏中，设置字体为"黑体"，字号为"50"，输入英文"of"。

（5）在属性栏中，设置字体为"黑体"，字号为"278"，输入英文"life"。

（6）选中英文"life"所在图层，执行"图层→图层样式→投影"命令（或双击图层），
打开"图层样式"对话框。选中"投影"选项卡，调整参数（见图 7-67），为文字"life"添
加投影效果。

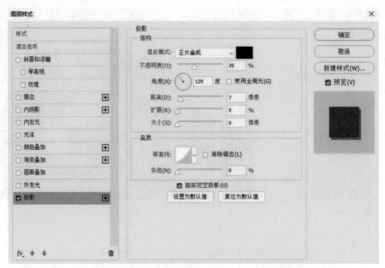

图 7-67

技巧

投影效果在很多地方都会用到，一般来说"距离""大小"等参数不要过大，很多时候装饰性效果应该"点到为止"，切忌"用力过猛"。

（7）选择工具箱中的"移动工具"，调整各个图层文字的排版布局，如图 7-68 所示。

图 7-68

（8）同时选择做好的所有文字图层，单击"图层"面板底部的"创建新组"按钮，将文字图层放入同一个组中，并将其重命名为"文字"。

7.2.7 使用"多边形套索工具"绘制装饰

（1）按 Shift+Ctrl+N 组合键（或单击"图层"面板底部的"创建新图层"按钮）新建"图层 1"。

（2）选择工具箱中的"多边形套索工具"，在"图层1"中任意绘制一个多边形选区。

（3）为了画面整体配色的和谐一致，将前景色设置为背景色块的颜色，如 # a0d7d2 和 # f7b2c4。按 Alt+delete 组合键为选区内部填充前景色，如图 7-69 所示。

图 7-69

（4）选择"图层1"的多边形装饰对象，按住 Alt 键，同时单击并拖曳该多边形对象，即可将其复制并自动为副本对象创建一个新图层。

（5）执行"编辑→自由变换"命令（或按 Ctrl+T 组合键），调整副本对象的大小、角度、位置，使其产生变化。也可修改副本对象的颜色。

（6）重复步骤（5），制作多个装饰多边形副本，调整后的效果如图 7-70 所示。

> **技巧**

装饰对象可以让页面更加灵动、丰满、富有活力。但制作时不要过多、过杂，否则很容易干扰阅读，适得其反。

（7）为了让装饰更加"灵活"，与矩形框有交集的装饰对象可以通过移动图层，使其处于矩形框图层的上方、下方等不同的位置，达到更有层次感的画面，效果如图 7-71 所示。

图 7-70

图 7-71

（8）选中矩形框上方的所有装饰多边形对象图层，单击"图层"面板底部的"创建新组"按钮，将图层放入同一个组中，并将其重命名为"装饰上"；选中矩形框下方的所有装饰多边形对象图层，单击"图层"面板底部的"创建新组"按钮，将图层放入同一个组中，并将组重命名为"装饰下"。

（9）执行"文件→存储"命令（或按 Ctrl+S 组合键），在弹出的"另存为"对话框中输入文件名"广告"，文件类型为"PSD"格式，保存文件，完成案例制作。

7.3 创意书本合成

本案例为书本制作创意合成效果，如图 7-72 所示。其中瀑布、云、小岛、树等素材边缘都不规则，我们将使用"通道"面板进行抠图，实现最终的效果。

图 7-72

7.3.1　使用剪贴蒙版制作合成背景

（1）执行"文件→新建"命令（或按 Ctrl+N 组合键），在弹出的"新建文档"对话框中设置文档为 1920 像素 ×1080 像素，分辨率为 72 像素 / 英寸。设置完成后，单击"创建"按钮。

（2）选择"渐变工具"，在其属性栏中单击打开"渐变拾色器"，选中"蓝色"组中的"蓝色 20"，并单击"径向渐变"按钮，将渐变类型设为"径向渐变"，如图 7-73 所示。

（3）使用"渐变工具"，在"背景"图层中绘制渐变色，如图 7-74 所示。

图 7-73

图 7-74

┈┈ 技巧 ┈┈

渐变色绘制的效果和鼠标拖曳的方向、半径大小都有关系。如果希望渐变色过渡自然些，那么拖曳的半径要相对大一些，如图的颜色和预期相反，可以选择属性栏中的"反向"进行调整。

（4）单击"图层"面板下方的"创建新的填充或调整图层"按钮，在弹出的快捷菜单中选择"色相 / 饱和度"命令。在"属性"面板中调整参数，使颜色更明亮，如图 7-75 所示。

┈┈ 提示 ┈┈

调整图层的效果对其下方所有图层有效，因此在使用时要注意调整图层位置。我们也经常会配合剪贴蒙版来约束调整图层的效果范围。

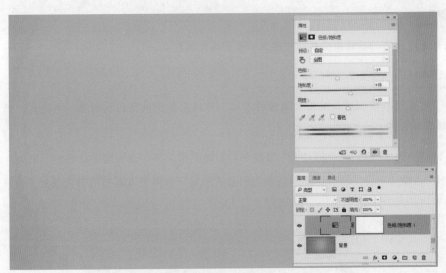

图 7-75

（5）打开"素材 .psd"文件，使用工具箱中的"移动工具"选中书本素材，并将其拖曳到新建文件中，然后将书本素材所在的图层重命名为"书"。

（6）使用"多边形套索工具"，选中书本素材外的红线，按 Delete 键将其删除，如图 7-76 所示。

图 7-76

（7）使用工具箱中的"仿制图章工具"，按 Alt 键，在书脊附近选择修复源点，随后在书脊附近涂抹，直到红丝带消失，如图 7-77 所示。

图 7-77

在修复过程中，要根据需要随时按 Alt 键更换仿制源点。

为了避免修复时破坏周围正常图像的内容，可以先为待修复区域创建一个选区，修复操作只对选区内部有效。

（8）按 Ctrl+J 组合键，将"书"复制一份到新图层，并将该图层重命名为"书页"。

（9）选择"书页"图层，使用"多边形套索工具"选中书本素材的书页部分，为其建立选区，如图 7-78 所示。

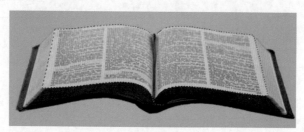

图 7-78

我们最常使用的抠图工具是"钢笔工具"，关于"钢笔工具"的相关内容将在第 8 章进行详细介绍。

7.3.2 使用图层蒙版调整素材

（1）单击"图层"面板下方的"添加图层蒙版"按钮，根据当前选区，为"书页"图层建立一个图层蒙版，如图 7-79 所示。

图 7-79

（2）执行"文件→打开"命令（或按 Ctrl+O 组合键），在弹出的"打开"对话框中选择"水面"素材，单击"打开"按钮。使用工具箱中的"移动工具"将其选中并拖曳到"书页"图层上方，并将图层重命名为"水面"。

（3）执行"编辑→自由变换"命令（或按 Ctrl+T 组合键），调整"水面"素材的位置和大小，使其能够覆盖书页表面。

（4）按 Alt 键，在"水面"图层和"书页"图层交界处右击，建立剪贴蒙版。此时"水面"素材受到基底图层"书页"的约束，只显示在书页范围内，如图 7-80 所示。

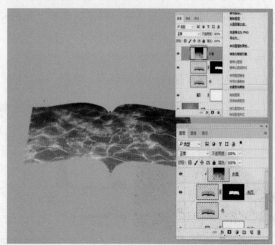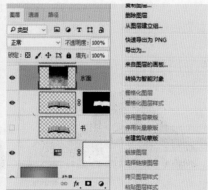

图 7-80

（5）此时的水面有些平，我们为水面绘制一些阴影效果。按 Shift+Ctrl+N 组合键（或单击"图层"面板底部的"创建新图层"按钮）新建图层，并将其重命名为"阴影"。选择"画笔工具"，设置前景色为黑色，设置其属性栏中的"流量"参数为 30%，沿书页中缝处涂抹，绘制中间阴影，如图 7-81 所示。

技巧

如果阴影边缘不够柔和，则可以使用"橡皮擦工具"调整。需设置笔尖为柔边效果，笔尖大小稍微大些，用"橡皮擦工具"对阴影边缘进行涂抹修改。

（6）修改"阴影"图层的图层混合模式为"叠加"。

（7）按 Alt 键，在"阴影"图层和"水面"图层交界处右击，建立剪贴蒙版。此时"阴影"素材也会受到基底图层"书页"的约束，只显示在书页范围内。

（8）显示所有图层，同时选择除"背景"图层以外的所有图层，单击"图层"面板底部的"创建新组"按钮，将所有图层放入同一个组中，并将组重命名为"背景"，效果如图 7-82 所示。

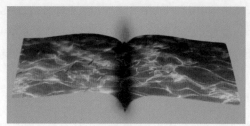

图 7-81　　　　　　　　　　　　　　　　　　　图 7-82

7.3.3　使用"通道"面板提取小岛

（1）执行"文件→打开"命令（或按 Ctrl+O 组合键），在弹出的"打开"对话框中选择"小岛"素材，单击"打开"按钮。

（2）打开"通道"面板，选择一个主体和背景对比最为明显的颜色通道。经观察发现，本素材"蓝"通道是对比最为明显的。单击选中"蓝"通道，将其拖曳到"通道"面板下方的"创建新通道"按钮处，以将其进行复制，生成"蓝 拷贝"通道。

（3）选中"蓝 拷贝"通道，执行"图像→调整→色阶"命令（或按 Ctrl+L 组合键），在弹出的对话框中拖曳色阶滑块调整对比度，使前景色和背景色区分得更明显，如图 7-83 所示。

图 7-83

技巧

调整色阶时，白色将被保留，黑色被屏蔽，灰色为半透明。按照这样的原则进行图像的调整，控制色阶，尽可能保留自己想要的部分。黑白色和想要保留或屏蔽的内容可能相反，通过反选不难解决。我们在调整时只要注意二者的对比，越明显越好。

提示

图中的白色和黑色有时并不是纯色，需要自己重新填充，否则可能抠出的图像产生不干净的背景或产生透明效果。

（4）使用"画笔工具"对"蓝 拷贝"通道进行涂抹，将背景设为纯白色，将主体设为纯黑色。调整后的通道如图 7-84 所示。

（5）单击"通道"面板下方的"将通道作为选区载入"按钮，可以将通道中的亮色部分作为选区载入。或按 Ctrl 键的同时单击通道左侧缩览图，也可以将其载入选区中。此时选中的是背景区域，我们需要执行"选择→反选"命令（或按 Shift+Ctrl+I 组合键），黑色部分被选中。

（6）单击复合通道，返回"图层"面板中。按 Ctrl+J 组合键将当前选区内的图像复制一份到新图层中，并将该图层重命名为"小岛"。执行"选择→取消选择"命令（或按 Ctrl+D 组合键），取消当前选区，作为备用，如图 7-85 所示。

提示

本案例中保留了部分水面倒影，如果不需要，那么在步骤（4）中将其涂抹为纯白色即可。

图 7-84

图 7-85

7.3.4　使用"通道"面板提取瀑布

（1）执行"文件→打开"命令（或按 Ctrl+O 组合键），在弹出的"打开"对话框中选择"瀑布 1"素材，单击"打开"按钮。

（2）打开"通道"面板，选择一个主体和背景对比最为明显的颜色通道。经观察发现，本素材"蓝"通道是对比最为明显的。单击选中"蓝"通道，将其拖曳到"通道"面板下方的"创建新通道"按钮处，以将其进行复制，生成"蓝 拷贝"通道。

（3）选中"蓝 拷贝"通道，执行"图像→调整→色阶"命令（或按 Ctrl+L 组合键），在弹出的对话框中拖曳色阶滑块，调整对比度，使前景色和背景色区分得更明显，如图 7-86 所示。

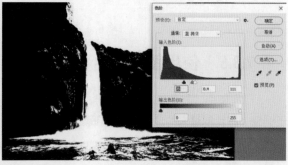

图 7-86

（4）使用"画笔工具"对"蓝 拷贝"通道进行涂抹，将背景设为纯白色，将主体设为纯黑色。调整后的通道如图 7-87 所示。

（5）单击"通道"面板下方的"将通道作为选区载入"按钮，将通道中亮色部分作为选区载入。按 Ctrl 键的同时单击通道左侧缩览图，也可以将其载入选区中。此时高亮部分被选中。

（6）单击复合通道，返回"图层"面板中。按 Ctrl+J 组合键将当前选区内的图像复制一份到新图层中，并将该图层重命名为"瀑布 1"。执行"选择→取消选择"命令（或按 Ctrl+D 组合键），取消当前选区，作为备用，如图 7-88 所示。

（7）重复步骤（1）～（6），可以提取出另一个瀑布素材，如图7-89所示。

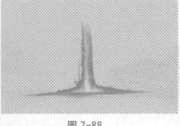
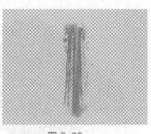

图 7-87   图 7-88   图 7-89

（8）与瀑布素材的提取方法类似，其他素材的提取在此不再赘述。重复步骤（1）～（6），提取出云朵素材，如图7-90所示。

（9）重复步骤（1）～（6），提取出棕榈树素材，如图7-91所示。

图 7-90   图 7-91

7.3.5 使用图层混合模式融合素材

（1）使用"移动工具"选中准备好的所有素材，依次拖曳到"创意书本"文件中。为了便于调整，将复制过来的这些素材全部隐藏。

（2）选中"小岛"图层，单击图层缩览图左侧的"指示图层可见性"按钮，使"小岛"素材显示出来。

（3）执行"编辑→自由变换"命令（或按Ctrl+T组合键），调整素材的大小、位置、方向，使其和"书"素材相吻合，如图7-92所示。

（4）选中"树"图层，单击图层缩览图左侧的"指示图层可见性"按钮，使"树"素材显示出来。

（5）执行"编辑→自由变换"命令（或按Ctrl+T组合键），调整素材的大小、位置、方向，使其和"书"素材相吻合，如图7-93所示。

（6）选中"瀑布1"图层，单击图层缩览图左侧的"指示图层可见性"按钮，使"瀑布1"素材显示出来。

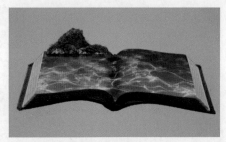

图 7-92　　　　　　　　　　　　图 7-93

（7）执行"编辑→自由变换"命令（或按 Ctrl+T 组合键），调整素材的大小、位置、方向，使其和"书"素材相吻合，如图 7-94 所示。

（8）为了让水和背景更好地融合在一起，选中"瀑布 1"图层，在图层混合模式下拉列表中选择"滤色"，效果如图 7-95 所示。

图 7-94　　　　　　　　　　　　图 7-95

（9）选中"瀑布 2"图层，单击图层缩览图左侧的"指示图层可见性"按钮，使"瀑布 2"素材显示出来。

（10）执行"编辑→自由变换"命令（或按 Ctrl+T 组合键），调整素材的大小、位置、方向，使其和"书"素材相吻合。

（11）选中"瀑布 2"图层，在图层混合模式下拉列表中选择"滤色"。

（12）复制"瀑布 2"图层，执行"编辑→自由变换"命令（或按 Ctrl+T 组合键），调整素材的大小、位置、方向，使其和"小岛"素材相吻合。添加瀑布后的效果如图 7-96 所示。

（13）选中"云 1"图层，单击图层缩览图左侧的"指示图层可见性"按钮，使"云 1"素材显示出来。

（14）执行"编辑→自由变换"命令（或按 Ctrl+T 组合键），调整素材的大小、位置、方向，将"云 1"素材摆放在天空的合适位置处。

（15）重复步骤（13）和步骤（14），将"云 2"素材摆放在天空的合适位置处。

（16）随机复制几份"云"素材，根据自己的想法摆放即可，如图 7-97 所示。

（17）为了画面更加饱满，可以添加更多的素材元素。执行"文件→打开"命令（或按 Ctrl+O 组合键），在弹出的"打开"对话框中选择"素材 .psd"文件，单击"打开"按钮。使用"移动工具"选中"海鸥"素材，并将其拖曳到"创意书本 .psd"文件中。

图 7-96

图 7-97

（18）执行"编辑→自由变换"命令（或按 Ctrl+T 组合键），调整素材的大小、位置、方向，使其和图像内容协调一致，如图 7-98 所示。

（19）使用"移动工具"选中"帆船"素材，并将其拖曳到"创意书本 .psd"文件中。

（20）执行"编辑→自由变换"命令（或按 Ctrl+T 组合键），调整素材的大小、位置、方向，使其和图像内容协调一致。

（21）使用"移动工具"选中"海豚"素材，并将其拖曳到"创意书本 .psd"文件中。

（22）执行"编辑→自由变换"命令（或按 Ctrl+T 组合键），调整素材的大小、位置、方向，使其和图像内容协调一致，如图 7-99 所示。

图 7-98

图 7-99

7.3.6　使用图层蒙版调整素材

（1）选择"帆船"图层。单击"图层"面板下方的"添加图层蒙版"按钮，为当前图层建立一个图层蒙版。

（2）单击工具箱中的"画笔工具"，设置前景色为黑色，根据波浪形态在蒙版中涂抹，涂抹的黑色部分被屏蔽隐藏，实现船嵌入水中的感觉，如图 7-100 所示。

（3）选择"海豚"图层。单击"图层"面板下方的"添加图层蒙版"按钮，为当前图层建立一个图层蒙版。

（4）使用"移动工具"选中"水圈"素材，并将其拖曳到"创意书本 .psd"文件中。

（5）执行"编辑→自由变换"命令（或按 Ctrl+T 组合键），调整素材的大小、位置、方向，使其和海豚协调一致。

（6）单击工具箱中的"画笔工具"，设置前景色为黑色，在蒙版中涂抹海豚尾部，涂抹的黑色部分被屏蔽并隐藏，实现海豚出水的感觉，如图 7-101 所示。

图 7-100

图 7-101

7.3.7　使用滤镜添加并调整效果

（1）选中"背景"图层，执行"滤镜→渲染→镜头光晕"命令，在弹出的"镜头光晕"对话框中单击预览图，可以更换光晕在图中生成的位置。"亮度"属性可以调整镜头光晕的大小。将"镜头类型"属性设置为"105 毫米聚焦（L）"，如图 7-102 所示。

属性设置完成后，单击"确定"按钮，会为背景添加一个"镜头光晕"效果，如图 7-103 所示。

图 7-102

图 7-103

（2）按 Shift+Ctrl+Alt+E 组合键，盖印可见图层，生成一个新图层，修改图层名称为"效果"，隐藏其他图层。

（3）选择"效果"图层，进行统一调色。执行"滤镜→ Camera Raw 滤镜"命令，在弹出

的 "Camera Raw" 参数框中调整色温、色调、对比度、高光、饱和度等参数，调整后单击 "确定"
按钮，使画面更加统一，如图 7-104 所示。

图 7-104

（4）执行 "文件→存储" 命令（或按 Ctrl+S 组合键），在弹出的 "另存为" 对话框中输入
待保存文件的文件名，设置文件类型为 PSD 格式，单击 "保存" 按钮。完成案例制作，如图 7-105
所示。

图 7-105

提示

读者可尝试加入文案，让内容更加完备。

Ps

第 8 章 ————————

路径

Photoshop 中，路径是使用路径工具或形状工具绘制的一段闭合或开放的曲线轮廓，常用于图像精确抠图和绘制矢量图形。在打印的时候不可见。

形状也是通过路径或形状工具绘制的图形，和路径有什么区别呢？路径绘制出来的是直线、曲线和闭合的轮廓线。这种线条在打印输出时是隐藏、不可见的，并被保存在"路径"面板的路径层中，不会新建图层。而形状绘制出来是矢量图形，绘制时会自动生成一个矢量图层保存形状图形。同时也会出现在"路径"面板中，以形状路径的形式出现在路径层中。

简单来说，路径绘制的是轮廓线，输出时不可见，而形状绘制的是矢量图形，输出可见。

8.1　海报合成

本例将使用路径与形状工具对素材进行选取，并结合之前所学知识进行场景合成。

8.1.1　认识路径

路径包括直线路径、曲线路径和闭合路径，如图 8-1 所示。其中有一些特殊的点，叫作锚点。锚点包括两类：角点和平滑点。如果角点处的路径方向发生改变，则线段会以折线的形式出现，比较尖；平滑点连接的是曲线段，会比较平滑，如图 8-2 所示。使用"转换点工具"可以更改锚点的类型。

直线路径　曲线路径　　闭合路径　　　　　角点　　　　　平滑点

图 8-1　　　　　　　　　　　　　图 8-2

1．"路径"面板

"路径"面板如图 8-3 所示，其中各选项含义如下。

- **路径**：创建的路径信息，保存在支持路径格式的文件中。

- **形状路径**：创建的矢量图形所包含的路径信息，保存在支持路径格式的文件中。

- **工作路径**：用于存储临时路径信息。

- **"弹出菜单"按钮** ▤：单击该按钮，打开"路径"下拉菜单项。

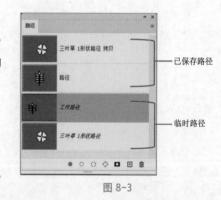

已保存路径

临时路径

图 8-3

- **"用前景色填充路径"按钮** ●：单击该按钮，将前景色填充至当前路径区域内部。

- **"用画笔描边路径"按钮** ○：单击该按钮，使用前景色和当前画笔设置对路径进行描边。

- **"将路径作为选区载入"按钮**:单击该按钮,将当前路径转换为选区。
- **"从选区生成工作路径"按钮**:单击该按钮,将当前选区转换为工作路径。
- **"添加图层蒙版"按钮**:单击该按钮,为活动图层添加"图层蒙版"。
- **"创建新路径"按钮**:单击该按钮,创建新路径。与工作路径不同,该路径层内的路径信息不是临时存储的,不会被新路径自动替换。
- **"删除当前路径"按钮**:单击该按钮,删除选中的路径层。

2.创建路径

(1)使用"路径工具"绘制新的路径后,将自动生成"工作路径"层,用于临时存储当前路径,如图 8-4 所示。

(2)单击下方的"创建新路径"按钮,会出现一个空白的"路径 1",如图 8-5 所示。此时再绘制路径,新路径就会被保存在"路径 1"层中。

图 8-4   图 8-5

(3)单击面板右上角的"弹出菜单"按钮,在弹出的快捷菜单中选择"新建路径"命令,然后在打开的"新建路径"对话框中设置新路径名称,单击"确定"按钮,也可创建一个新的路径层。此时再绘制路径,新路径就会被保存在"新建路径"层中,如图 8-6 所示。

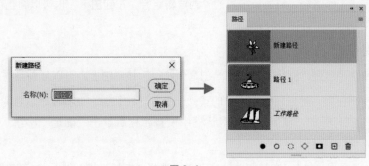

图 8-6

技巧

"路径"面板中,按 Alt 键的同时单击"创建新路径"按钮,也可打开"新建路径"对话框。

提示

用户绘制的路径和形状轮廓会被临时存储在工作路径中,名称字体为斜体。默认情况下(不选择路径层），绘制新的路径／形状后，之前存储的内容将会被替换，原内容消失。为避免类似情况发生，在绘制新路径／形状之前，需要将"工作路径"保存为路径层。

3．存储路径

（1）在"路径"面板中，双击"工作路径"，在打开的"存储路径"对话框中设置路径名称，然后单击"确定"按钮，临时存储区的路径将被保存在新路径层中，原"工作路径"消失，如图 8-7 所示。

（2）单击面板右上角的"弹出菜单"按钮▤，在弹出的快捷菜单中选择"存储路径"命令，也可打开"存储路径"对话框，同样可以创建新路径层。

注意，有时在"路径"面板菜单中找不到"存储路径"命令，如图 8-8 所示，这说明当前路径均已被保存，没有待保存路径。

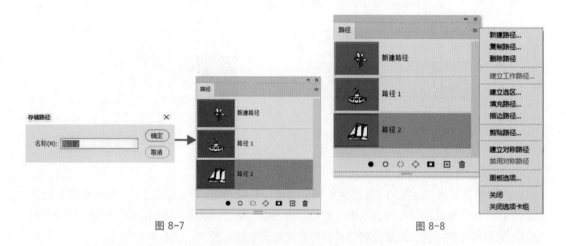

图 8-7　　　　　　　　　　　　　　　　　　图 8-8

（3）拖曳"工作路径"到面板下方的"创建新路径"按钮⊞上，也可以将当前"工作路径"存储为"路径"。

4．复制路径

（1）拖曳路径层到"路径"面板的"创建新路径"按钮⊞上，可以复制当前路径层。

（2）选中路径层，单击面板右上角的"弹出菜单"按钮▤，在弹出的快捷菜单中选择"复制路径"命令，在打开的"复制路径"对话框中设置名称后单击"确定"按钮，可复制当前路径层。

（3）选中路径层，右击，在弹出的快捷菜单中选择"复制路径"命令，也可复制当前路径层。

5．删除路径

（1）拖曳路径层到"路径"面板的"删除当前路径"按钮🗑上，可删除当前路径。

（2）选中路径层，单击面板右上角的"弹出菜单"按钮▤，在弹出的快捷菜单中选择"删除路径"命令。

（3）选中路径层，右击，在弹出的快捷菜单中选择"删除路径"命令。

6. 显示与隐藏路径

单击"路径"面板的空白区域，工作区中的路径会被隐藏。再次单击对应的路径层，该路径会再次出现，如图 8-9 所示。

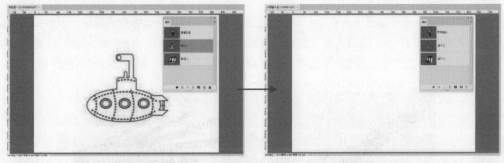

图 8-9

7. 将路径转换为选区

在 Photoshop 中，可使用路径工具对图像进行轮廓绘制、抠图，然后将路径转换为选区，再对选区内的图像进行各种编辑。

（1）选中要转换的路径，单击"路径"面板下方的"将路径作为选区载入"按钮，可将路径转换为选区，如图 8-10 所示。

图 8-10

（2）在路径层上右击，在弹出的快捷菜单中选择"建立选区"命令，打开"建立选区"对话框，如图 8-11 所示，设置好属性后，单击"确定"按钮，可以将当前路径转换为选区。

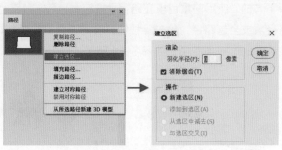

图 8-11

（3）单击面板右上角的"弹出菜单"按钮，在弹出的快捷菜单中选择"建立选区"命令，也可以达到相同的效果。

技巧

选中路径后，直接按 Ctrl+Enter 组合键，可以直接将当前路径转换为选区。

8．将选区转换为路径

图像处理时，很多选区工具可以帮助快速生成选区，但将这种选区放大来看，很多细节处都不精准。如图 8-12 所示，使用选区工具快速选取鹰的轮廓，但将其放大来看，会发现翅膀处很多选区不精准，还需进一步处理。可以将选区转换为路径，通过精细调整路径制作出精细的选区。

图 8-12

单击"路径"面板下方的"从选区生成工作路径"按钮，将选区转换为路径。使用路径工具对路径进行更加精细的调整。完成调整后，将路径再次转换为选区就可以得到一个更加精确的选区，如图 8-13 所示。

图 8-13

9．路径填充与描边

单击"路径"面板下方的"使用前景色填充路径"按钮，可以为路径填充前景色、背景色、图案等。注意，选中路径层或全选路径，单击按钮，会对所有路径进行填充。如果只选中某一条路径，则只能填充被选中的这一条路径，如图 8-14 所示。

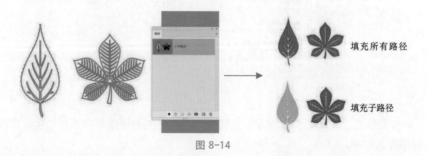

图 8-14

> **技巧**
>
> 　　按住 Alt 键，单击"使用前景色填充路径"按钮 ● 可打开"填充路径"对话框，如图 8-15 所示。设置"内容"参数，可以用前景色、背景色、图案等内容对路径进行填充，同时还可以设置混合模式和不透明度等属性。

图 8-15

　　单击"路径"面板下方的"使用画笔描边路径"按钮 ○，可以使用当前画笔设置，为路径进行描边操作，如图 8-16 所示。注意，描边前要先调整好画笔参数。查看效果时，建议隐藏路径。

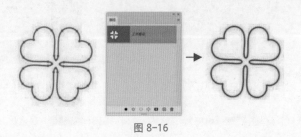

图 8-16

10．路径文字

　　路径除了可以绘制图形、精确建立图形轮廓线外，还可以约束文字，制作路径文字。当工作区中存在路径时，只需用文本工具在路径上选择开始位置，单击即可输入路径文字。

　　路径文字可以分为两类：一类是文字被写在路径内部，路径轮廓对文字进行范围约束，使文字填充在路径内部，整体呈现路径的形状，如图 8-17 所示；另一类是文字被写在路径上，路径可以是开放的，也可以是封闭的，选择路径上一个位置作为起点，用文字工具单击路径，即可在路径上输入文字，文字会跟随路径的走向调整方向，如图 8-18 所示。

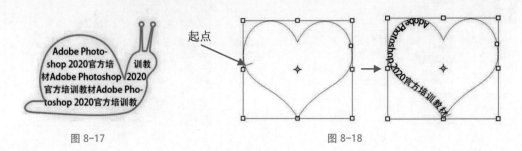

图 8-17　　　　　　　　　　　　　　　　　　　　图 8-18

如需调整文字起始位置以及内外方向，可以使用工具箱中的"路径选择工具"拖曳文字进行修改，如图 8-19 所示。

图 8-19

11．剪贴路径

使用剪贴路径的方法，可以将路径内的图像分离出来，得到一个背景透明的图像文件。首先使用路径工具为图像绘制路径，并对工作路径进行保存，如图 8-20 所示。

图 8-20

单击"路径"面板右上角的"弹出菜单"按钮 ▤，在弹出的快捷菜单中选择"剪贴路径"命令，打开"剪贴路径"对话框，如图 8-21 所示。单击"确定"按钮，完成路径剪贴操作。

为了保存路径信息，文件需被保存为一个可支持路径的格式，如 EPS 格式。之后在其他软件（如 Adobe Illustrator、Adobe InDesign 等）中打开时，可以直接得到一个透明背景的文件。路径内图像可以被提取出来直接使用，不需要再次加工处理，如图 8-22 所示。

图 8-21

图 8-22

8.1.2 认识钢笔工具组

钢笔工具组是 Photoshop 中最常用、也最精确的路径工具。下面就来学习和认识它。

1．钢笔工具

使用"钢笔工具"可以精确地绘制出直线、曲线和形状图形，绘制的路径会在"工作路径"中被临时存放。使用"钢笔工具"创建路径的方法非常简单。在画布上单击，可以产生一个锚点；再次单击，两个锚点会被连接形成一条直线段；按住鼠标进行拖曳，则会产生曲线段。每次单击都可以产生新的锚点，并和上一个锚点连接，形成新线段路径。

> **技巧**
>
> 使用"钢笔工具"绘制路径时，按 Enter 键可结束绘制，绘制的路径会在"工作路径"中被临时存放，画布中的路径被隐藏。按 Esc 键，路径不会被隐藏。按 Backspace 或 Delete 键效果类似，路径也不会被隐藏，但最近一个锚点及其相连的路径会被删除。

1）"路径"工作模式

选择"钢笔工具"后，在其属性栏工作模式下拉列表中选择"路径"模式，即可使用钢笔绘制路径，如图 8-23 所示。

图 8-23

其中各项参数含义如下。

- **工具模式**：单击下三角图标，可以在下拉列表中选择"路径""形状"或"像素"3 种工作模式。

- **建立**：可以快速将当前路径分别转换为"选区""蒙版""形状"。

- **选区**：单击该按钮，弹出"建立选区"对话框，设置好相关参数后，单击"确定"按钮，路径将被转换为选区，如图 8-24 所示。

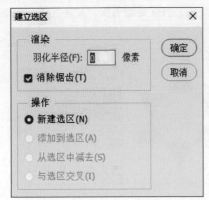

图 8-24

- **蒙版**：单击该按钮，将当前路径转换为矢量蒙版，如图 8-25 所示。
- **形状**：单击该按钮，将当前路径转换为形状，如图 8-26 所示。

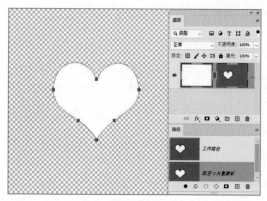

图 8-25　　　　　　　　　　　　　　　　图 8-26

- **路径操作模式**：用来设置路径的运算方式，和选区的运算方式类似。
  > 合并形状：将多个形状组合相加在一起，形成新的形状区域，如图 8-27 所示。
  > 减去顶层形状：绘制第二条路径时，第一条路径会减去第二条路径所在的区域，如图 8-28 所示。

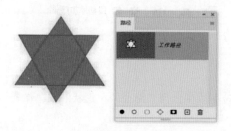
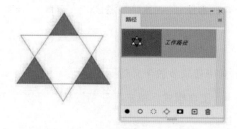

图 8-27　　　　　　　　　　　　　　　　图 8-28

  > 与形状区域相交：绘制两条路径时，二者相交的公共区域被保留，其他区域会被去除，如图 8-29 所示。
  > 排除重叠图形：绘制两条路径时，二者相交的公共区域被去除，其他区域会被保留。和"与形状区域相交"恰好相反，如图 8-30 所示。

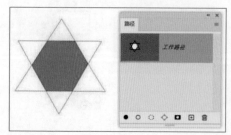
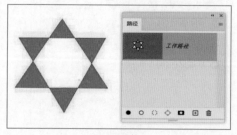

图 8-29　　　　　　　　　　　　　　　　图 8-30

> 合并形状组件：将两个路径焊接在一起，形成一个路径。直观效果和合并形状相似，但合并形状虽然把两个路径加在一起，但仍然是两个路径。而合并形状组件对操作过的路径进行重新焊接，以形成一个全新的完整路径，如图 8-31 所示。

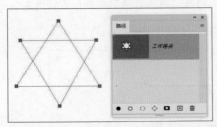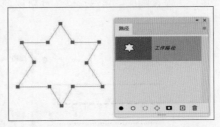

图 8-31

- **路径对齐方式：** 在下拉列表中选择路径对齐方式，对两条以上的路径进行自动对齐。
- **路径排列方式：** 同一个路径层内的路径，因绘制时间先后的不同存在上下遮挡关系，也就是前后关系。在下拉列表中选择路径排列方式，可以更改这种前后关系。
  - **设置其他钢笔和路径选项：** 选项中有"橡皮带"属性，默认不选中。选择该选项后，在两个锚点之间会出现一个随着鼠标移动的"假想"路径，可以用来辅助预测下一个锚点绘制后，路径是否符合设计意图。这条"假想"的路径只在新锚点没有确定的时候出现，一旦单击创建了新锚点，就会真正产生实际路径。
  - **自动添加 / 删除：** 该功能被选中，钢笔工具就具备了自动添加、删除锚点的功能。当"钢笔工具"移动到没有锚点的路径位置上时，钢笔光标右下角会出现一个"+"号，此时单击鼠标，能在当前路径上添加一个新的锚点；当"钢笔工具"移动到已有锚点的位置时，钢笔光标右下角会出现一个"-"号，此时单击鼠标，会将当前锚点删除。这是一个非常方便的功能，默认处于选中状态。
  - **对齐边缘：** 选中此选项，用于对齐矢量图形边缘的像素。

2）"形状"工作模式

选择"钢笔工具"后，在其属性栏工作模式下拉列表中选择"形状"模式，即可使用钢笔绘制矢量图形，如图 8-32 所示。

图 8-32

其中各项参数含义如下。

- **填充：** 在绘制形状时，可以根据该选项对形状内部进行"无颜色""纯色""渐变""图案"填充操作。
- **描边：** 在绘制形状时，可以根据该选项对形状轮廓线进行"无颜色""纯色""渐变""图案"填充操作。
- **设置形状描边宽度：** 设置形状图形轮廓线的宽度，也就是粗细。数值越大，描边越粗；

数值越小，描边越细。

- **设置形状描边类型**：在该选项中，可以设置描边线条的类型，如实线、虚线，也可以设置描边时所绘制的线条和描边轮廓线之间的位置关系（例如，描边时在线内部、外部还是线条居中跨线描边），设置端点、角点形式，还可以通过打开"更多选项"功能设置特殊类型的线条，如图 8-33 所示。

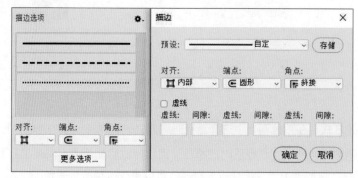

图 8-33

3）像素模式

该模式无法在钢笔工具中使用。因为钢笔是绘制路径和形状的矢量工具，而像素是位图，因此不能在钢笔中使用，一直处于无法选中的灰色状态。

拓展

钢笔工具的"像素"模式其实并不是钢笔工具的功能，属性栏不只被钢笔工具使用，还要与其他工具共用，如矩形工具等，"像素"模式其实是其他工具的功能，而非钢笔工具的功能。

2．自由钢笔工具

钢笔工具绘制的每个锚点都需要单击创建，自由钢笔工具不需要逐个创建锚点，拖曳鼠标即可直接绘制路径线条，类似现实中钢笔的用法。

"自由钢笔工具"的属性栏多数设置和钢笔工具一致，这里重点介绍不一样的几个参数。

- **钢笔和其他路径选项**："曲线拟合"用来设置自由钢笔在绘制线条时产生锚点的频率。数值越大，间隔时间就越长，自动产生的锚点就越少，路径就越简单；反之路径锚点多，路径线段较多。取值为 0.5～10 像素，如图 8-34 所示。

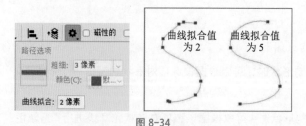

图 8-34

- **磁性的**：选中该选项后，"自由钢笔工具"会变更为"磁性钢笔工具"。"磁性钢笔工具"与"磁性套索工具"类似，会自动寻找图像边缘建立锚点和路径。

- **宽度**：该属性用于设置"磁性钢笔工具"和对象之间的距离，可以以此区分路径。

- **对比**：该属性用于设置"磁性钢笔工具"查找图像边缘的对比度要求，也可以理解为设置灵敏度。数值越大，要求图像边缘反差就越大，灵敏度越低，准确度更高。

- **频率**：该属性用于设置"磁性钢笔工具"绘制线条时产生锚点的多少，数值越大，产生的锚点就越多。

- **钢笔压力**：通过压力大小的感知控制线条的粗细，多用于数位板。

3．弯度钢笔工具

"弯度钢笔工具"是 Photoshop CC 2018 版本开始出现的新功能。与其他钢笔工具不同的是，该工具通过 3 个锚点来创建曲线或直线。还可以直接拖曳锚点进行移动，双击锚点可以在尖角锚点和平滑锚点之间进行切换，如图 8-35 所示。

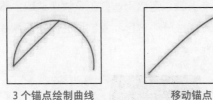

| 3 个锚点绘制曲线 | 移动锚点 | 双击更改锚点类型 |

图 8-35

4．添加锚点工具

"添加锚点工具"用于为已经存在的路径增加新的锚点。当使用该工具，将鼠标光标移动到路径上时，钢笔光标右下角会出现一个"+"号，此时单击，能在当前路径上添加一个新的锚点，如图 8-36 所示。

5．删除锚点工具

"删除锚点工具"用于为已经存在的路径删除已有的锚点。当使用该工具，将鼠标光标移动到想要删除的锚点上时，钢笔光标右下角会出现一个"-"号，此时单击，可以删除该锚点，如图 8-37 所示。

图 8-36　　　　　　　　　　　　　　　图 8-37

6．转换点工具

"转换点工具"用于改变锚点的属性，即使角点和平滑点之间进行转换。使用该工具，单击平滑点，可以将其转换为角点。用该工具在角点处单击并拖曳鼠标，可以将角点转换为平滑点，如图 8-38 所示。

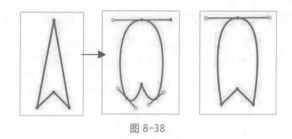

图 8-38

8.1.3　使用"钢笔工具"分离素材

下面就来练习用钢笔绘制路径，实现精准抠图。

（1）打开素材文件"地球"。素材是黑色背景，可以用选区工具快速选取主体对象。使用"对象选择工具"框选地球，Photoshop 会自动建立一个选区。复制选区内的图像并放大观察，可发现边缘处很粗糙，不够精细，如图 8-39 所示。

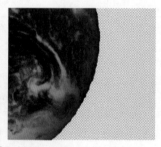

图 8-39

（2）选择"钢笔工具"，在其属性栏中设置工作模式为"路径"。因为是曲线路径，所以在地球边缘处依次单击并拖曳鼠标，生成平滑锚点，直到返回起点，单击该锚点，曲线闭合，如图 8-40所示。

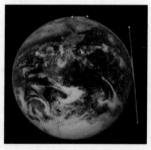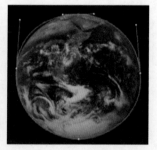

图 8-40

〔技巧〕

图像处理过程中，经常需要切换工具，熟悉常用工具的快捷键可大大提高工作效率。例如，按 P 键可切换为钢笔工具。需要注意的是，切换工具快捷键无法在中文输入法状态下使用。

技巧

使用钢笔时，并不是锚点越多越精细。绘制规则图形时，锚点越少，越容易控制，图像越平滑。

（3）此时，曲线路径和地球表面弧度还不够匹配，需要进行调整。

调整路径可使用"路径选择"工具组。例如，使用"路径选择工具"选取整个路径或子路径并进行移动，如图 8-41 所示。注意，该工具不能对锚点进行调整和修改。

移动路径　　　　移动子路径

图 8-41

"直接选择工具"用来移动和修改锚点，调整路径形态。当选中某个平滑锚点时，可以看到锚点两侧出现两个控制柄。使用"直接选择工具"可以分别调整这两个控制柄的方向和大小，以控制曲线路径的方向和半径，如图 8-42 所示。

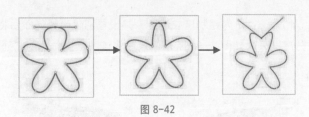

图 8-42

这里使用"直接选择工具"对环绕地球的锚点进行调整（包括位置、控制柄的调整），调整后的路径如图 8-43 所示。

（4）路径调整满意后，打开"路径"面板，单击"将路径作为选区载入"按钮 ⌖（或按 Ctrl+Enter 组合键），将路径转换为选区，如图 8-44 所示。

（5）执行"选择→修改→收缩"命令，在弹出的"收缩选区"对话框中将"收缩量"设置为 5 像素。这样做的目的是将边缘收缩，避免出现黑边现象，如图 8-45 所示。

图 8-43　　　　　　　图 8-44　　　　　　　图 8-45

（6）执行"选择→修改→羽化"命令，在弹出的"羽化选区"对话框中将"羽化半径"设置为 5 像素。

┈┈ 技巧 ┈┈┈

抠图时，一般会向内侧移动几个像素后再建立路径或选区，然后对选区进行羽化，这样抠出来的图像边缘相对自然些。

（7）选择"背景"图层，按 Ctrl+J 组合键将当前选区内的图像复制一份到新图层中，并将该其命名为"地球"。经过羽化处理的边缘比直接复制的图像过渡更加自然，如图 8-46 所示。

（8）打开素材文件"翅膀"，重复步骤（1）～（3），为翅膀建立路径，如图 8-47 所示。

 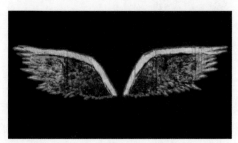

图 8-46　　　　　　　　　　　　　　　图 8-47

（9）重复步骤（4）～（7）为翅膀建立选区，并设置羽化半径。然后将翅膀复制到新图层中，以将其从背景中分离出来，如图 8-48 所示。最后将该图层重命名为"翅膀"。

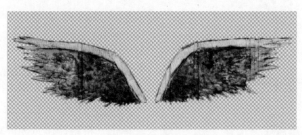

图 8-48

8.1.4　使用图层混合模式制作背景

（1）打开"背景"素材，使用"移动工具"选中分离出来的"地球"素材，并将其拖曳到背景文件中。

（2）执行"编辑→自由变换"命令（或按 Ctrl+T 组合键），调整"地球"素材大小，并将其移动到合适的位置处，如图 8-49 所示。

（3）背景图中的星光过多，为了更加突出主体内容，可以适当弱化背景的星光。具体方法是：选中"背景"图层，按 Shift+Ctrl+N 组合键（或单击"图层"面板底部的"创建新图层"按钮）新建图层，并将其命名为"黑色"。设置前景色为黑色，并按 Alt+Delete 组合键将前景色填充到新建的"黑色"图层中。

（4）设置"黑色"图层的混合模式为"叠加"，此时背景中的浅色亮光都被屏蔽，如图8-50所示。

图 8-49

图 8-50

8.1.5 使用"高斯模糊"命令制作光晕

（1）按住 Ctrl 键的同时单击"地球"图层缩览图，载入地球选区。

（2）执行"选择→修改→扩展"命令，在弹出的"扩展选区"对话框中将"扩展量"设置为 20 像素，如图 8-51 所示。

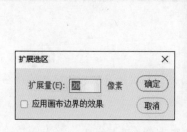

图 8-51

提示

扩展量（以及后面用到的像素参数值）等参数值仅供参考，该数值和图像本身的尺寸、分辨率有关，每个作品可能会不同。读者可以根据自己的图像文件确定合适的参数值，以达到更加理想的效果。

（3）按 Shift+Ctrl+N 组合键（或单击"图层"面板底部的"创建新图层"按钮）新建图层，并将其命名为"发光"。

（4）选择"发光"图层，设置前景色为蓝色，并按 Alt+Delete 组合键将前景色填充至选区内，如图 8-52 所示。执行"选择→取消选择"命令（或按 Ctrl+D 组合键），取消当前选区。

（5）拖曳"发光"素材图层至"地球"图层下方，如图 8-53 所示。

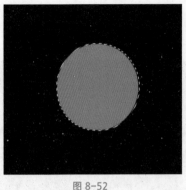

图 8-52

图 8-53

（6）选中"发光"图层，执行"滤镜→模糊→高斯模糊"命令，在弹出的"高斯模糊"对话框中，将"半径"参数设置为 30 像素，如图 8-54 所示。

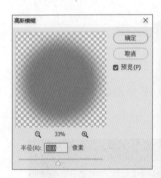

图 8-54

提示

对"发光"图层执行"高斯模糊"命令之前，必须取消选区。如果选区存在，那么将会影响高斯模糊效果的表现。

可以通过调整"发光"图层不透明度数值来修改发光明亮效果。

如果希望得到和地球颜色更为接近的光晕，则可以不使用蓝色填充色，换成将"地球"图层复制一份。执行"编辑→自由变换"命令（或按 Ctrl+T 组合键），调整素材大小，使其比地球素材略大。随后对复制的"地球"素材执行"高斯模糊"命令，如图 8-55 所示。

（7）打开"光"素材，将其拖曳到"合成"文件中。执行"编辑→自由变换"命令，调整"光"素材的大小和位置。右击，在弹出的快捷菜单中选择"变形"命令。拖曳"光"素材，使其变形为弧形。继续调整大小直至"光"和"地球"匹配，如图 8-56 所示。

图 8-55

图 8-56

技巧

为了让光更醒目，可以多叠加一层不同颜色的光。

8.1.6 使用剪贴蒙版制作翅膀

（1）将"翅膀"素材复制到"合成"文件中，将该素材图层移动到"光"图层下方。

（2）执行"编辑→自由变换"命令（或按 Ctrl+T 组合键），调整"翅膀"素材大小，如图 8-57 所示。

图 8-57

（3）打开"星云 1"素材，并将该素材复制到"合成"文件中。移动"星云 1"素材图层到"翅膀"图层上方。此时图层被星云填充，翅膀被遮住不见。

（4）为了将星云填充到翅膀范围内，我们需要用翅膀的形状来约束星云图层，即建立剪贴蒙版。按住 Alt 键，将鼠标移动到"星云 1"图层和"翅膀"图层之间的交界处，此时鼠标光标发生改变，单击为图层建立剪贴蒙版，如图 8-58 所示。

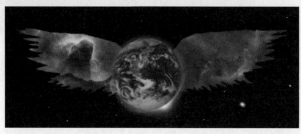

图 8-58

（5）移动"星云1"图层，调整其在翅膀中显示的内容，并将图层混合模式改为"变亮"，如图8-59所示。

图 8-59

（6）打开"星云2"素材，并将该素材复制到"合成"文件中。重复步骤（3）～（5），将"星云2"素材通过剪贴蒙版约束在翅膀范围内，如图8-60所示。

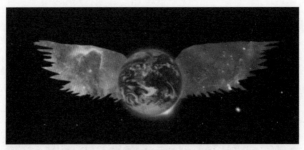

图 8-60

（7）单击"图层"面板下方的"创建新的填充或调整图层"按钮，在弹出的快捷菜单中选择"照片滤镜"命令，设置照片滤镜属性为"冷却滤镜（80）"，为翅膀增加冷色系效果，使其与主体蓝色更接近。为调整图层设置剪贴蒙版，使其作用范围为翅膀所在区域，如图8-61所示。

图 8-61

> **提示**
>
> 如果感觉翅膀边缘过于清晰，可以通过"滤镜"调整边缘效果。选中"翅膀"图层，执行"滤镜→模糊→高斯模糊"命令使边缘更加柔和。本案例不再赘述，留给读者自己尝试。

8.1.7　使用文字工具添加文案

（1）选择"横排文字工具"，在画布中单击生成一个文字图层。在属性栏中双击拾色器，设置文本颜色为白色。输入主题文字"有梦想就有未来"。设置合适的字体，调整字号为合适大小。使用"移动工具"（按 V 键快速切换）调整文字位置，使其居中。

提示

设置拾色器颜色时注意观看对话框标题括号中的内容，前景色拾色器为"拾色器（前景色）"，文本工具属性栏为"拾色器（文本颜色）"，如果设置不当，则可能会出现设置后文本颜色不发生变化的现象。当然也可以选中已经输入好的文字，再设置前景色，也可以更换文本颜色。

（2）重复步骤（1），输入标题英文"There is a dream, there is a future"。使用"移动工具"调整文字位置，将其放置在主题文字下方并居中。

（3）选择工具箱中的"直排文字工具"，在画布中单击，自动生成一个文字图层。在属性栏中双击拾色器，设置文本颜色为白色。输入文字"展开梦想的翅膀"，使用"移动工具"调整文字位置，将其放置在画布左上方。

（4）重复步骤（3），输入标题英文"Spread the wings of dreams"，使用"移动工具"调整文字位置，将其放置在画布右下方。

（5）使用"钢笔工具"绘制直线路径。设置画笔笔尖为硬度画笔，大小为 4 像素，前景色为白色。单击"路径"面板下方的"使用画笔描边路径"按钮，绘制白色线条。

（6）移动并复制线条，分别放置在画布两侧，完成作品装饰，效果如图 8-62 所示。

图 8-62

（7）分组整理图层，按 Shift+Ctrl+Alt+E 组合键，盖印可见图层，生成一个新图层，隐藏其他图层。

（8）执行"文件→存储"命令（或按 Ctrl+S 组合键），在弹出的"另存为"对话框中输入待保存文件的文件名，选择文件类型为 PSD 格式，单击"保存"按钮。完成案例制作。

8.2　绘制 UI 图标

UI 即 user interface（用户界面）的简称，UI 设计（或称界面设计）是指对软件的人机交互、操作逻辑、界面美观的整体设计。好的 UI 能让人机交互变得更舒服，更顺利。

拓展

广义的 UI 指的是物体与物体之间的接触面，泛指人和物（人造物、工具、机器）互动过程中的界面（接口）。UI 可分为实体 UI 和虚拟 UI。如人和汽车、方向盘、仪表盘、中控都属于用户界面，这就是实体 UI；而手机、互联网常用的 UI 设计是典型的虚拟 UI。

本例将使用 Photoshop 软件的形状工具绘制虚拟 UI 图标。在开始之前，让我们一起了解形状工具。

8.2.1　认识形状工具

在 Photoshop CC 2020 软件中，经常需要绘制图形。图形的绘制工具主要有"矩形工具""圆角矩形工具""椭圆工具""多边形工具""直线工具""自定义形状工具"。

1．矩形工具

单击"矩形工具"按钮，可以使用该工具绘制矩形和正方形。选择该工具后，属性栏如图 8-63 所示。

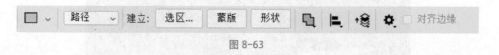

图 8-63

"矩形工具"也可以在工作模式中选择绘制"路径""形状""像素"。很多属性和前面介绍的"钢笔工具"属性类似，不同的是单击"设置其他形状和路径选项"按钮，弹出的快捷菜单如图 8-64 所示。

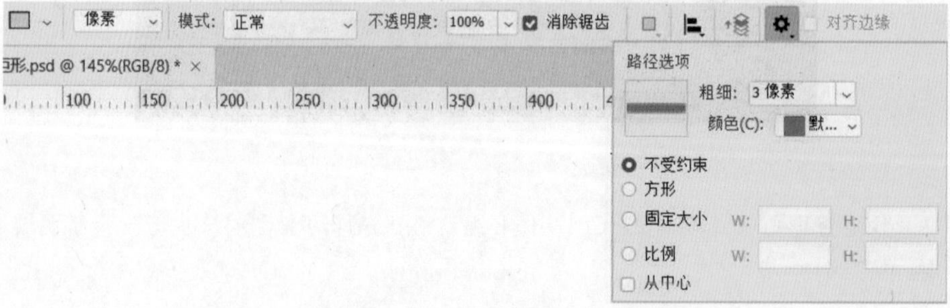

图 8-64

其中各项含义如下。

- **路径选项：** 即路径显示的属性设置。
- **粗细：** 显示路径的粗细，数值越大，路径越粗。
- **颜色：** 默认路径以何种颜色表示。
- **不受约束：** 选中该复选框，使用"矩形工具"绘制图形时，不受宽度、高度、比例的限制，可以随意绘制。
- **方形：** 选中该复选框，使用"矩形工具"绘制图形时，只能绘制正方形。
- **固定大小：** 选中该复选框，可以在其右侧的 W、H 数值框中输入数字来控制即将绘制的矩形的大小。
- **比例：** 选中该复选框，可以在其右侧的 W、H 数值框中输入数字来控制即将绘制的矩形的长宽比例。绘制矩形时不固定大小，但比例保持参数中设置的值不变。
- **从中心：** 未选中该复选框时，绘制矩形是从四角为起点进行绘制；选中该复选框时，绘制矩形是从矩形中心为起点进行绘制。

> **技巧**
>
> 使用"矩形工具"绘制矩形时，按住 Shift 键绘制，效果与选中"方形"复选框一样，可以绘制正方形。按住 Alt 键绘制，效果与选中"从中心"复选框一样，会以中心为起点进行图形绘制。同时按住 Shift+Alt 组合键绘制，会以中心为起点绘制正方形。

除属性栏外，选中"矩形工具"后，还可以通过"属性"面板进一步调整绘制的矩形属性。例如可以设置圆角将矩形调整为圆角矩形，如图 8-65 所示。

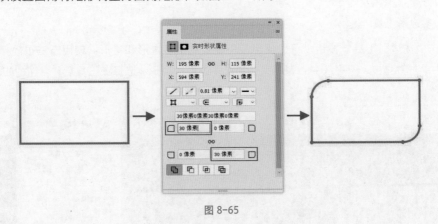

图 8-65

2. 圆角矩形工具

单击"圆角矩形工具"按钮，可以使用该工具绘制四角平滑的矩形、正方形。使用"圆角矩形工具"绘制图形的方法和使用"矩形工具"相同。选择该工具后，属性栏如图 8-66 所示。

图 8-66

其中，"半径"参数用来设置圆角矩形 4 个角的圆角半径。该数值越大，圆角就越平滑。当半径值为 0 时，圆角消失，变为尖角，此时绘制的就是矩形，效果如图 8-67 所示。

图 8-67

技巧

按住 Alt 键绘制，效果与选中"从中心"选项一样，会以中心为起点进行图形绘制。

3．椭圆工具

单击"椭圆工具"按钮，可以使用该工具绘制椭圆形和正圆形。使用方法很简单，只需在画布中单击并拖曳进行绘制即可。选择该工具后，属性栏如图 8-68 所示。

图 8-68

技巧

使用"圆角矩形工具"绘制图形时，按住 Shift 键绘制，效果与选中"方形"复选框一样，可以绘制正原形。按住 Alt 键绘制，效果与选中"从中心"复选框一样，会以中心为起点进行图形绘制。同时按住 Shift+Alt 组合键绘制，会以中心为起点绘制正圆形。

4．多边形工具

单击"多边形工具"按钮，可以使用该工具绘制正多边形和星形。使用方法很简单，只需在画布中单击并拖曳，即可从中心为起点绘制正多边形或星形。选择该工具后，属性栏如图 8-69 所示。

图 8-69

其中各项含义如下。

- **边**：用于设置即将绘制的多边形或星形的边的数量。
- **半径**：类似矩形工具的"固定大小"参数，用于指定多边形或星形的半径大小。

- **平滑拐角**：未选中该复选框，绘制的多边形顶点变为尖角点；选中该复选框，绘制的多边形顶点变为平滑点，如图 8-70 所示。
- **星形**：未选中该复选框，使用"多边形工具"绘制的图形呈现正多边形的形式；选中该复选框，使用"多边形工具"绘制的图形改为星形，如图 8-71 所示。

图 8-70　　　　　　　　　　　　　图 8-71

- **缩进边依据**：该参数只在选中"星形"复选框后启用，用于控制星形内陷程度。数值为 1% ～ 99%，数值越大，星形内陷程度越高，如图 8-72 所示。

图 8-72

- **平滑缩进**：该参数用于设置星形内陷角是否平滑过渡。未选中该复选框时，内陷角呈现尖角形态；选中该复选框时，内陷角呈现圆角形态，如图 8-73 所示。

图 8-73

5. 直线工具

单击"直线工具"按钮，可以使用该工具绘制直线。使用方法很简单，只需在画布中单击确定起点，然后沿着任意方向拖曳。松开鼠标后即可绘制一条直线。选择该工具后，属性栏如图 8-74 所示。

图 8-74

其中各项含义如下。

- **起点**：选中该复选框后使用"直线工具"绘制的直线，在起点处以箭头形式存在。
- **终点**：选中该复选框后使用"直线工具"绘制的直线，在终点处以箭头形式存在。是否绘制箭头对比效果如图 8-75 所示。
- **宽度**：该参数用于设置箭头的宽窄程度，取值为 10%～1000%。数值越大，箭头越宽，反之箭头越窄，如图 8-76 所示。

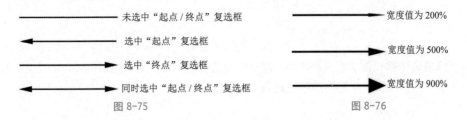

图 8-75 | 图 8-76

- **长度**：该参数用于设置箭头的长度，取值为 10%～5000%。数值越大，箭头越长，反之箭头越短，如图 8-77 所示。
- **凹度**：该参数用于设置箭头尾部的凹陷程度。数值为正值时，箭头尾部向内部凹陷；数值为负值时，箭头尾部向外部凹陷；数值为 0 时，箭头尾部不凹陷。取值为 -50%～50%，如图 8-78 所示。

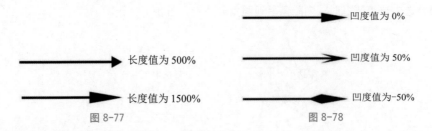

图 8-77 | 图 8-78

6. 自定义形状工具

单击"自定义形状工具"按钮，可以使用该工具绘制 Photoshop 软件预设图案。使用方法很简单，只需从属性栏形状参数中选择预设图案，在画布中单击并拖曳，松开鼠标后即可绘制该图案。选择该工具后，属性栏如图 8-79 所示。

图 8-79

其中各项含义如下。

- **形状**：从下拉列表中可以选择 Photoshop 软件内置的预设图案。选择对应的图案后，使用"自定义形状工具"即可在画布中绘制对应的图形。内置图形也可以从下拉列表面板右上方的"设置"弹出菜单中进行导出或导入，如图 8-80 所示。

　　Photoshop CC 2020 版内置形状和之前版本不同，如果需要使用旧版形状图形，可以通过执行"窗口→形状"命令打开"形状"面板。单击"形状"面板右上方的"弹出菜单"按钮，在弹出的快捷菜单中选择"旧版形状及其他"命令即可导入旧版本形状，并可对其进行使用，如图 8-81 所示。

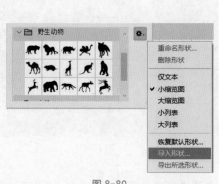

图 8-80

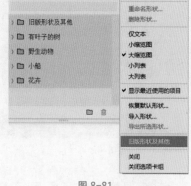

图 8-81

> **技巧**
>
> 很多不能通过属性栏编辑的内容都可以通过相应的操作面板来设置。例如通过"形状"面板删除形状预设内容，导入旧版形状；通过"画笔"面板整理画笔预设等。

　　现在我们已经了解了形状工具及其使用技巧，下面让我们开始 UI 图标的绘制。

8.2.2　使用"椭圆工具""圆角矩形工具"绘制时钟图标

　　（1）执行"文件→新建"命令（或按 Ctrl+N 组合键），弹出"新建文档"对话框，设置文档宽度为 1024 像素，高度为 1024 像素，设置分辨率为 72 像素 / 英寸。设置完成后，单击"创建"按钮。

　　（2）设置前景色为蓝色（#3f98f1），并按 Alt+Delete 组合键将前景色填充至"背景"图层。

　　（3）执行"视图→标尺"命令（或按 Ctrl+R 组合键），打开标尺。

　　（4）在水平标尺区域内单击并拖曳鼠标，创建一条水平参考线，然后将该参考线拖曳到 Y：512 像素。同理在垂直标尺区域内单击并拖曳鼠标，创建一条垂直参考线，然后将该参考线拖曳到 X：512 像素，如图 8-82 所示。

> **技巧**
>
> 有参考线存在，图形对象会自动与参考线对齐。

（5）选择工具箱中的"椭圆工具"，在其属性栏中设置工作方式为"形状"，填充色为"无"，描边为"白色"，像素为20。按住Shift+Alt组合键，同时鼠标在画布中拖曳，从中心开始绘制正圆。

（6）选择"移动工具"，同时选中"背景"图层和绘制的"椭圆1"图层，在属性栏中依次单击"水平居中对齐"和"垂直居中对齐"，让绘制的正圆与背景居中对齐，如图8-83所示。

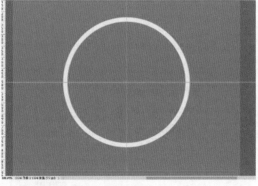

图 8-82　　　　　　　　　　　　　　　　　图 8-83

（7）选择工具箱中的"圆角矩形工具"，在其属性栏中设置工作方式为"形状"，填充色为"白色"，描边为"无"，在圆形内部绘制钟表"刻度"，自动生成一个矢量图层"圆角矩形1"。保持绘制好的"刻度"处于选中状态，在属性栏中设置宽度为10像素（也可以在"属性"面板中设置），如图8-84所示。

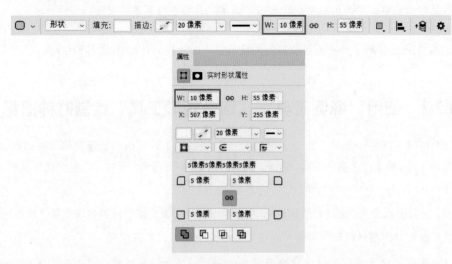

图 8-84

（8）按V键切换到"移动工具"，移动并对齐，如图8-85所示。

（9）按Ctrl+J组合键将当前"刻度"图层复制一份到新图层"圆角矩形1拷贝"中。

（10）选中"圆角矩形1拷贝"图层，执行"编辑→自由变换"命令（或按Ctrl+T组合键），按住Alt键并单击拖曳图形中心点到圆心处（X：512，Y：512），如图8-86所示。

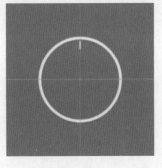

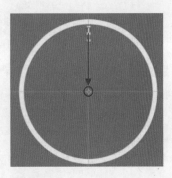

图 8-85　　　　　　　　　　　　　　　　　图 8-86

（11）在自由变换属性栏中，设置旋转角度为 45°，设置好参数后按 Enter 键确认变换，如图 8-87 所示。

（12）按 Shift+Ctrl+Alt+T 组合键执行"再次变换"命令，可以重做上一次变换（旋转 45°）。重复按 6 次，完成表盘刻度绘制，如图 8-88 所示。

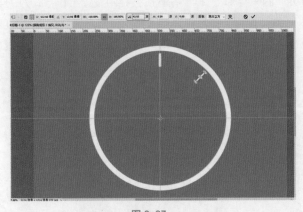

图 8-87　　　　　　　　　　　　　　　　　图 8-88

（13）选择工具箱中的"圆角矩形工具"，在其属性栏中设置工作方式为"形状"，填充色为"白色"，描边为"无"，在圆形内部绘制钟表"时针"，在属性栏中设置宽度为 20 像素。在"属性"面板中，解除角半径链接，设置左下角半径和右下角半径均为 0 像素，如图 8-89 所示。

图 8-89

（14）重复步骤（13），绘制分针，在属性栏中设置高度为 12 像素，设置左上角半径和左下角半径均为 0 像素，如图 8-90 所示。

> **技巧**
>
> 按 Ctrl+H 组合键，可以隐藏 / 显示参考线。

> **提示**
>
> 应设置宽度还是设置高度，与图形是垂直绘制还是水平绘制有关，需要根据实际情况灵活处理。

> **技巧**
>
> 设置角半径为 0 像素，是为了两个指针交接点可以无缝对接。如果是圆角，那么交界处因两个指针宽度、角半径不同，很难无缝对接。

（15）绘制阴影效果。单击工具箱中的"圆角矩形工具"，在其属性栏中设置工作方式为"形状"，填充色为"灰色"，描边为"无"。在"属性"面板中调整圆角，使其增大，与表盘弧度向匹配，执行"编辑→自由变换"命令（或按 Ctrl+T 组合键），调整角度为 -45°，按 Enter 键，确认变换。移动"阴影"图层至表盘图层下方，调整"阴影"图层的混合模式为"正片叠底"，图层不透明度为 50%，如图 8-91 所示。

图 8-90　　　　　　　　　　　　　　　图 8-91

> **拓展**

虚拟 UI 设计（如手机界面、图标等）有着特定的规范，状态栏、导航栏、标签栏、主屏幕等都有着明确的设计要求。不同品牌、型号的手机，其要求可能会不同。例如，安卓系统的手机图标，屏幕为 1080 像素 ×1920 像素时，启动图标应为 144 像素 ×144 像素，操作栏图标为 96 像素 ×96 像素，最细画笔不小于 6 像素；IPhone X 要求 App Store 图标为 1024 像素 ×1024 像素，应用图标为 180 像素 ×180 像素，Spotlight 图标为 120 像素 ×120 像素，设置图标为 87 像素 ×87 像素。此外，除了尺寸大小，对圆角大小也有明确的要求。

在设计手机 UI 图标时，可以直接套官方模板进行设计，自己制作时一般不做圆角矩形，而直接做正方形图标，导出后使用模板软件直接切出规范的圆角即可。

8.2.3 使用形状工具的路径操作绘制相机图标

（1）执行"文件→新建"命令（或按 Ctrl+N 组合键），在弹出的"新建文档"对话框中，设置文档宽度为 1024 像素，高度为 1024 像素，分辨率为 72 像素 / 英寸。设置完成后，单击"创建"按钮。

（2）设置前景色为黄色（#ff4401），并按 Alt+Delete 组合键将前景色填充至"背景"图层中。

（3）选择工具箱中的"圆角矩形工具"，在其属性栏中设置工作方式为"形状"，填充色为"蓝色"，描边为"无"，绘制一个圆角矩形作为机身（绘制图形后，自动新建一个矢量图层，命名为"机身"）。

（4）选择"移动工具"，同时选中"背景"图层和绘制的"机身"图层，在属性栏中依次单击"水平居中对齐"和"垂直居中对齐"，让绘制的"机身"与背景居中对齐，并绘制参考线，隐藏"背景"图层，如图 8-92 所示。

（5）选择工具箱中的"矩形工具"，在其属性栏中设置工作方式为"形状"，填充色为"白色"，描边为"无"，在"路径操作"下拉列表中选择"减去顶层形状" ，在机身上方和下方区域各绘制一个矩形作为机身线条。由于路径操作选项设置了"减去顶层形状"，因此绘制矩形后，该区域直接从"机身"图形中去除，形成镂空效果，如图 8-93 所示。

（6）选择工具箱中的"钢笔工具"（或按 P 键），在上方绘制的矩形线条处单击，添加两个锚点，如图 8-94 所示。

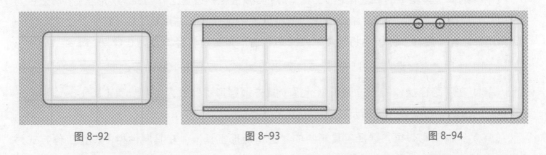

图 8-92   图 8-93   图 8-94

（7）选择工具箱中的"转换点工具"，依次单击新添加的两个锚点，将其转换为角点。

（8）选择工具箱中的"直接选择工具"（或按 A 键），移动锚点，调整矩形图形的外观，如图 8-95 所示。

（9）选择工具箱中的"矩形工具"，在其属性栏中设置工作方式为"形状"，填充色为"白色"，描边为"无"，在"路径操作"下拉列表中选择"减去顶层形状" ，在机身上方再次绘制一个矩形，如图 8-96 所示。

（10）选择工具箱中的"椭圆工具"，在其属性栏中设置工作方式为"形状"，填充色为"白色"，描边为"无"，在"路径操作"下拉列表中选择"减去顶层形状" ，按 Shift+Alt 组合键，以中心为起点，在机身中间绘制一个正圆形，如图 8-97 所示。

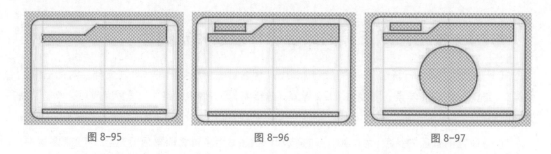

图 8-95 图 8-96 图 8-97

（11）使用"椭圆工具"，在"路径操作"下拉列表中选择"合并形状" ⬚，按 Shift+Alt 组合键，在圆心处继续绘制正圆，制作镜头效果，如图 8-98 所示。

（12）使用"椭圆工具"，在"路径操作"下拉列表中选择"减去顶层形状" ⬚，在镜头处绘制椭圆。制作镜头高光效果。此时都是圆形，需要使用"直接选择工具"对锚点进行调整，如图 8-99 所示。

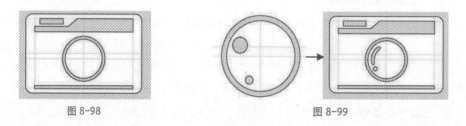

图 8-98 图 8-99

（13）选择工具箱中的"圆角矩形工具"，在其属性栏中设置工作方式为"形状"，填充色为"白色"，描边为"无"，在"路径操作"下拉列表中选择"合并形状" ⬚，在机身上方绘制一个圆角矩形。在"属性"面板中将其左下方圆角和右下角圆角半径均设为 0 像素。

（14）使用"直接选择工具"对锚点位置进行调整，如图 8-100 所示。

（15）在"路径操作"下拉列表中选择"减去顶层形状" ⬚，重复步骤（13）～（14），完成相机的绘制，如图 8-101 所示。

（16）绘制阴影效果。选择工具箱中的"圆角矩形工具"，在其属性栏中设置工作方式为"形状"，填充色为"灰色"，描边为"无"。移动"阴影"图层至"相机"图层下方，执行"编辑→自由变换"命令（或按 Ctrl+T 组合键），调整大小、角度使其和相机相吻合，按 Enter 键，确认变换，如图 8-102 所示。

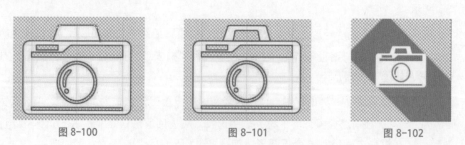

图 8-100 图 8-101 图 8-102

（17）按 Ctrl 键并在"相机"图层缩览图上单击，载入相机选区。执行"选择→反选"命令（或按 Shift+Ctrl+I 组合键）。

（18）选择"多边形套索工具"，按 Shift+Alt 组合键建立交叉选区，确保留下的阴影均在所选区域内部，如图 8-103 所示。

（19）选中"阴影"图层，单击"图层"面板下方的"添加图层蒙版"按钮，为当前图层建立图层蒙版，如图 8-104 所示。

（20）显示"背景"图层，调整"阴影"图层的混合模式为"正片叠底"，图层不透明度为 50%，如图 8-105 所示。

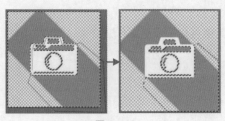

图 8-103

图 8-104

图 8-105

8.2.4　使用"自定义形状工具"绘制立体图标

（1）执行"文件→新建"命令（或按 Ctrl+N 组合键），在弹出的"新建文档"对话框中，设置文档宽度为 1024 像素，高度为 1024 像素，分辨率为 72 像素 / 英寸。设置完成后，单击"创建"按钮。

（2）设置前景色为粉色（#ffe4f2），按 Alt+Delete 组合键将前景色填充至"背景"图层中。

（3）选择工具箱中的"矩形工具"，在其属性栏中设置工作方式为"形状"，填充色为"蓝色"，描边为"无"，按 Shift 键并拖曳鼠标，在画布中绘制正方形。

（4）执行"编辑→自由变换"命令（或按 Ctrl+T 组合键），调整图形大小、位置、角度。

（5）右击图形变形区域，在弹出的快捷菜单中选择"透视"命令。拖曳控制点，使正方形变形，产生透视感。将图层重命名为"底层"，如图 8-106 所示。

图 8-106

（6）选择工具箱中的"移动工具"，选中"底层"图层。按住 Alt 键不松开，多次按方向键"↑"。每按一次会将当前图层复制一份并向上移动，通过多次按方向键"↑"，产生图层厚度，如图 8-107 所示。

（7）选择工具箱中的"矩形工具"，选中最上层，设置前景色为"浅蓝色"，使最上层形成光面的视觉感，如图 8-108 所示。

（8）选中"底层"图层，设置前景色为"灰色"。选择工具箱中的"移动工具"，按住方向键"↓"，向下移动一段距离，作为阴影效果，如图 8-109 所示。

图 8-107

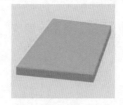

图 8-108

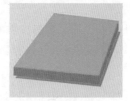

图 8-109

（9）选择工具箱中的"自定义形状工具"，在其属性栏中设置工作方式为"形状"，打开"自定形状"拾色器，选择一个形状预设。填充色为"黄色"，描边为"无"，在画布中拖曳，绘制形状。

（10）执行"编辑→自由变换"命令（或按 Ctrl+T 组合键），调整图形大小、位置、角度。

（11）右击图形变形区域，在弹出的快捷菜单中选择"透视"命令。拖曳控制点使正方形变形，产生透视感，如图 8-110 所示。

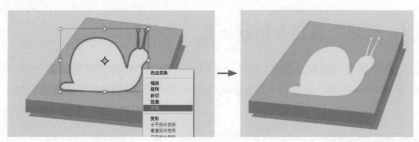

图 8-110

（12）重复步骤（6）～（8），为"蜗牛"图形制作立体和阴影效果，适当调色，如图 8-111 所示。

图 8-111

8.2.5　使用形状工具和图层样式绘制标记图标

与偏平风格图标不同，立体图标的绘制一般会使用高光、渐变、阴影类的表达形式。

（1）执行"文件→新建"命令（或按 Ctrl+N 组合键），在弹出的"新建文档"对话框中，设置文档宽度为 1024 像素，高度为 1024 像素，分辨率为 72 像素 / 英寸。设置完成后，单击"创建"按钮。

（2）选择工具箱中的"渐变工具"，在其属性栏中打开"渐变"拾色器，选择"灰色 _07"，设置渐变方式为"径向渐变"。在画布中拖曳鼠标，将渐变色填充至"背景"图层，如图 8-112 所示。

图 8-112

（3）选择工具箱中的"圆角矩形工具"，在其属性栏中设置工作方式为"形状"，填充色为"灰色"，描边为"无"，按 Shift 键并拖曳鼠标，在画布中绘制灰色圆角正方形。在"属性"面板中调整圆角半径至合适大小，如图 8-113 所示。

（4）右击图层，在弹出的快捷菜单中选择"栅格化图层"命令。双击该图层，弹出"图层样式"对话框。选中"斜面和浮雕"，将"样式"设置为"内斜面"，"深度"为 84%，"大小"为 51 像素，"软化"为 10 像素，如图 8-114 所示，设置完成后单击"确定"按钮。

图 8-113

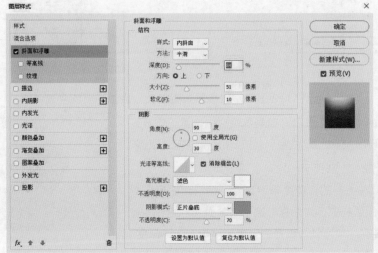

图 8-114

（5）选择工具箱中的"椭圆工具"，在其属性栏中设置工作方式为"形状"，填充色为"蓝色（#3780c4）"，描边为"无"，按 Shift 键并拖曳鼠标，在画布中绘制正圆形。

（6）选择工具箱中的"直接选择工具"，调整圆形为水滴状，如图 8-115 所示。

（7）按 V 键切换到"移动工具"，利用之前所学的方法，按 Alt 键的同时，按住方向键"↑"多次，形成立体厚度，并修改最上层颜色为"蓝色（#4897e4）"，如图 8-116 所示。

图 8-115

图 8-116

（8）右击最上方水滴图层，在弹出的快捷菜单中选择"栅格化图层"命令。双击该图层，弹出"图层样式"对话框。选中"内发光"，将"混合模式"设置为"叠加"，"不透明度"设置为 75%，颜色设置为"黄色"，"大小"设置为 16 像素，"范围"设置为 63%，"抖动"设置为 34%。设置完成后单击"确定"按钮，如图 8-117 所示。

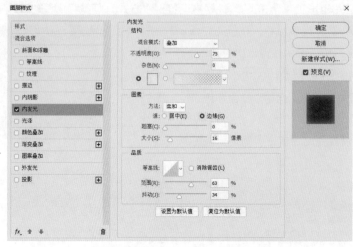

图 8-117

（9）选择工具箱中的"椭圆工具"，在其属性栏中设置工作方式为"形状"，填充色为"无"，描边为"白色"，按Shift键并拖曳鼠标，在画布中绘制正圆形，如图8-118所示。

（10）右击该图层，在弹出的快捷菜单中选择"栅格化图层"命令。双击该图层，弹出"图层样式"对话框。选中"斜面和浮雕"，将"样式"设置为"枕状浮雕"，"方法"设置为"雕刻清晰"，"深度"设置为74%，"大小"设置为16像素，"软化"设置为1像素。选中

图 8-118

"等高线"，在"等高线"拾色器中，将"等高线"设置为"高斯"，如图8-119所示。设置完成后单击"确定"按钮。

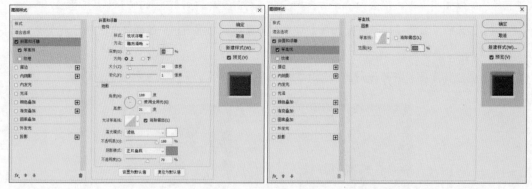

图 8-119

（11）选择工具箱中的"椭圆选框工具"，在圆形内部绘制选区。设置前景色为"蓝色（#4189ce）"，按Alt+Delete组合键将前景色填充至选区内，如图8-120所示。

（12）双击内圆图层，弹出"图层样式"对话框。选中"内阴影"，将"混合模式"设置为"正片叠底"，"不透明度"设置为68%，"距离"设置为12像素，"大小"设置为9像素，"阻塞"设置为0%。设置完成后单击"确定"按钮，如图8-121所示。

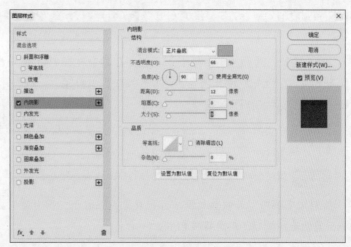

图 8-120   图 8-121

8.2.6 使用复制图层汇集图标排版

（1）执行"文件→新建"命令（或按 Ctrl+N 组合键），在弹出的"新建文档"对话框中，设置文档宽度为 2048 像素，高度为 2048 像素，分辨率为 72 像素 / 英寸。设置完成后，单击"创建"按钮。

（2）执行"文件→存储"命令（或按 Ctrl+S 组合键），在弹出的"另存为"对话框中输入文件名"图标"，选择文件类型为 PSD 格式。

（3）打开"钟表 .psd"文件，按 Shift+Ctrl+Alt+E 组合键盖印可见图层。

（4）在盖印图层上右击，在弹出的快捷菜单中选择"复制图层"命令。

（5）在"复制图层"对话框中选择目标文件为"图标 .psd"。单击"确定"按钮，钟表图标被复制到新建文件"图标 .psd"中。

（6）重复步骤（2）～（4），分别将"相机""立体图标""标记"复制到"图标 .psd"文件中。

（7）选择工具箱中的"移动工具"（按 V 键快速切换到该工具），移动图标文件并对齐，如图 8-122 所示。

图 8-122

8.3 造字案例

8.3.1 使用"矩形工具"绘制文字边界

（1）执行"文件→新建"命令（或按 Ctrl+N 组合键），在弹出的"新建文档"对话框中，设置文档宽度为 800 像素，高度为 600 像素，分辨率为 72 像素 / 英寸。设置完成后，单击"创建"按钮。

（2）选择工具箱中的"矩形工具"，在其属性栏中设置工作方式为"形状"，填充色为"无"，描边为"红色"，在画布中拖曳鼠标绘制矩形文字框。

（3）选择工具箱中的"路径选择工具"，按 Alt 键拖曳矩形线框，复制一份，如图 8-123 所示。

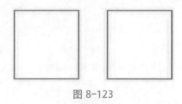

图 8-123

技巧

绘制文字框时，其颜色和粗细可被设置为任意值，因为这只是用来规范绘制的文字，统一大小，辅助造字过程，最终将被弃用。

8.3.2　使用"钢笔工具"绘制字形

（1）选择"钢笔工具"，在其属性栏中设置工作方式为"形状"，填充色为"无"，描边为"粉色"。设置描边选项中的描边对齐类型为"居中对齐"，线段"端点"为"平滑"，"角点"为"平滑合并"，如图 8-124 所示。

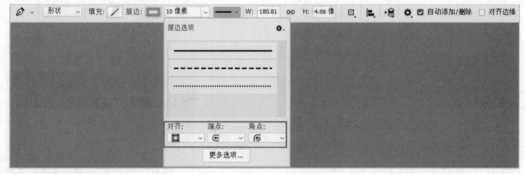

图 8-124

提示

此处的描边颜色设置也在最终输出时被隐去，因此可选择任意颜色进行绘制。

（2）使用"钢笔工具"在文字线框中绘制文字"梦"。每一笔画结束后，按 Enter 键，当前绘制的内容生成一个形状层，并且保留当前钢笔设置，可以快速进行下一笔画的绘制，如图 8-125 所示。

（3）绘制完成后，同时选中"梦"字所有笔画图层，单击"图层"面板底部的"创建新组"按钮（或按 Ctrl+G 组合键），将文字图层放入同一个组中，并将组重命名为"梦"。

（4）重复步骤（2），绘制文字"晗"的部分笔画，如图 8-126 所示。

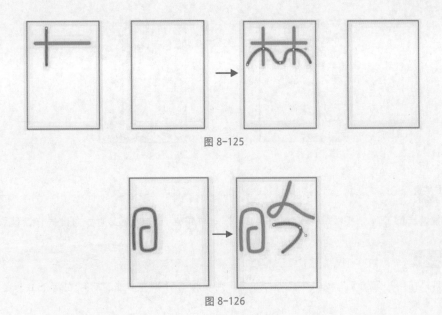

图 8-125

图 8-126

8.3.3 使用形状工具增加文字趣味性

（1）选择工具箱中的"自定义形状工具"，在其属性栏中设置工作方式为"形状"，在"自定形状"拾色器中选择"水滴"，绘制到文字中，如图 8-127 所示

（2）选择工具箱中的"椭圆工具"，在其属性栏中设置工作方式为"形状"，填充色为"无"，描边为"粉色"，在文字中绘制圆形，如图 8-128 所示。

（3）同时选中"晗"字所有笔画图层，单击"图层"面板底部的"创建新组"按钮（或按Ctrl+G 组合键），将文字图层放入同一个组中，并将组重命名为"晗"。完成基础文字的绘制，如图 8-129 所示。

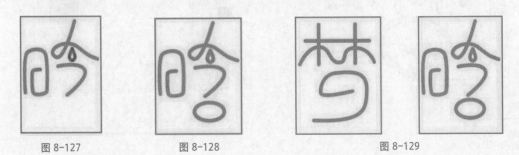

图 8-127　　　　　图 8-128　　　　　　　　图 8-129

8.3.4 使用"直接选择工具"调整字形

（1）选择工具箱中的"直接选择工具"，选择文字"梦"的各个笔画，调整锚点位置、控制柄，调整字形，如图 8-130 所示。

（2）重复步骤（1），调整"晗"字字形，如图 8-31 所示。

图 8-130　　　　　　　　图 8-131

调整锚点位置时，可以用"直接选择工具"选中锚点，按键盘上的方向键进行微调。

技巧

使用"直接选择工具"或"路径选择工具"时，按 Ctrl 键并单击，可以在两个工具之间进行切换。

8.3.5　使用图层样式给文字添加发光效果

（1）选择"梦"字图层组，执行"图层→图层样式"命令，在弹出的"图层样式"对话框中选中"描边"，如图 8-132 所示。

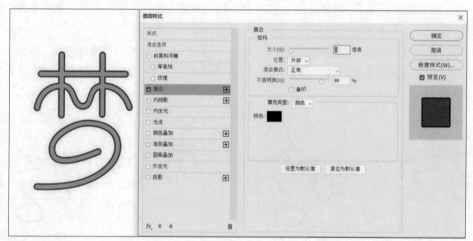

图 8-132

技巧

除了使用菜单命令可打开"图层样式"对话框外，也可以单击"图层"面板下方的"添加图层样式"按钮，或双击图层打开"图层样式"对话框。

（2）将"梦"字图层组中的"填充"设为 0%，将文字填充色隐藏，只留下描边效果，如图 8-133 所示。

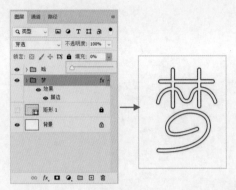

图 8-133

（3）在"梦"字图层组上右击，在弹出的快捷菜单中选择"转换为智能对象"命令，将图层组合并为一个智能对象图层。

（4）设置前景色为黑色，并按 Alt+Delete 组合键将前景色填充至"背景"图层中。

（5）选择"梦"字图层，双击图层打开"图层样式"对话框。为文字添加"内发光""颜色叠加""外发光"效果，参数如图 8-134～图 8-136 所示。

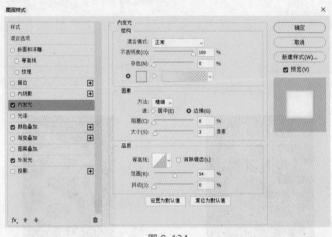

图 8-134

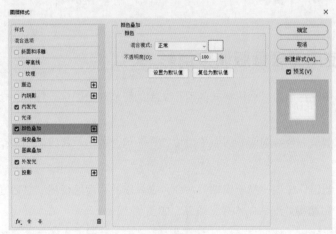

图 8-135

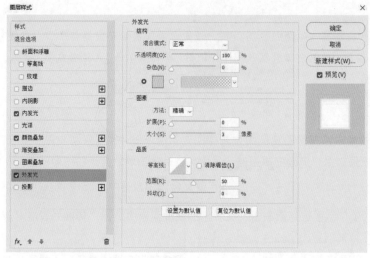

图 8-136

（6）添加图层样式后的文字"梦"效果如图 8-137 所示。

（7）重复步骤（1）～（3），为"晗"字描边并将其转换为智能对象图层。

（8）按 Alt 键，拖曳"梦"图层的图层效果到"晗"图层处，松开鼠标，将图层效果复制到"晗"字图层上。

（9）双击"晗"字图层样式，打开"图层样式"对话框，调整"内发光"和"外发光"颜色。使其和"梦"字不同。调整完毕后，单击"确定"按钮，如图 8-138 所示。

图 8-137

图 8-138

8.3.6　使用图层蒙版调整倒影

（1）同时选中已经添加了图层样式的两个文字的智能对象图层。按 Ctrl+J 组合键将当前选中图层复制一份。

（2）执行"图层→合并图层"命令（或按 Ctrl+E 组合键），将复制的两个文字图层合并为一个新图层。

（3）执行"滤镜→模糊→高斯模糊"命令，在弹出的"高速模糊"对话框中，将"半径"设置为 8 像素。通过模糊处理，制作辉光效果，如图 8-139 所示。

（4）拖曳辉光图层，将其移动到文字图层下方。同时选中两个文字图层和辉光图层，单击

"图层"面板底部的"创建新组"按钮（或按 Ctrl+G 组合键），将 3 个图层放入同一个组中，并将组重命名为"文字"。

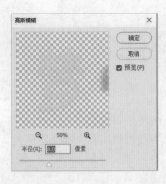

图 8-139

（5）按 Ctrl+J 组合键将"文字"组图像复制一份。右击，在弹出的快捷菜单中选择"转换为智能对象"命令，将图层组合并为一个智能对象图层，并修改图层名称为"文字"。

（6）选中"文字"图层，按 Ctrl+J 组合键将"文字"图层复制一份，修改图层名称为"倒影"。

（7）选中"倒影"图层，执行"编辑→变换→垂直翻转"命令。

（8）选择工具箱中的"移动工具"（按 V 键可以快速切换到该工具），将"倒影"图层向下移动到合适位置处，如图 8-140 所示。

（9）选中"倒影"图层，执行"编辑→自由变换"命令（或按 Ctrl+T 组合键）。对倒影大小进行适当调整（可右击自由变换区域，在弹出的快捷菜单中选择对应的调整命令，调整透视、变形、斜切等效果）。

（10）选中"倒影"图层，单击"图层"面板下方的"添加图层蒙版"按钮，为当前图层建立一个图层蒙版。

（11）选择工具箱中的"渐变工具"，在其属性栏中打开"渐变"拾色器，选择黑白渐变，设置渐变方式为"径向渐变"。在蒙版中拖曳鼠标，调整倒影渐隐效果。

（12）设置"倒影"图层的不透明度为 40%。

（13）执行"文件→存储"命令（或按 Ctrl+S 组合键），在弹出的"另存为"对话框中输入待保存文件的文件名，选择文件类型为 PSD 格式，单击"保存"按钮，完成案例制作，如图 8-141 所示。

图 8-140　　　　　　　　　　　　　图 8-141

Ps

第 9 章 ——————

滤镜

在 Photoshop 中，滤镜是创作者手中的利器，使用滤镜可以创造出各种鬼斧神工般的视觉效果。滤镜其实就是各种提前编辑好的图像处理命令和功能，就好像是一副特殊眼镜，戴上它们，就会看到特定的视觉效果。灵活运用滤镜，可大大提高设计师的图像处理水平。

滤镜是 Photoshop 的核心内容，同时滤镜的种类非常多。读者一定要认真学习，并尽可能多地操作实践，仔细体会不同滤镜间的区别和应用场景。

> **注意**
>
> 本章给出了非常多的案例，并给出了关键步骤的效果图。建议读者先根据前面学习的滤镜知识，自行在 Photoshop 中操作。

9.1　认识滤镜

在 Photoshop 中，滤镜命令位于"滤镜"菜单下，调用起来非常方便。选择对应的命令，图像就会自动应用选中的视觉效果。虽然滤镜的操作较为容易，但要想真正将其用得恰到好处并不容易。要想使滤镜达到最佳效果，用户除了需要有一定的美术功底外，还需要对各滤镜的功能非常熟悉，有着很好的控制力和丰富的想象力。

另外，除了可使用 Photoshop 软件自带的内置滤镜外，还可以使用第三方开发的外挂滤镜，如 KPT、Eye Candy3.0 等。这些外挂滤镜有着各自擅长的视觉效果，安装了它们之后，就会像其他滤镜命令一样，显示在"滤镜"菜单中。

使用滤镜是一个细致的操作，首先需要选出精确的区域，然后在参数设置对话框中设置精确的参数，这样才能达到较好的效果。特别是滤镜参数的设置，因为设置的参数不同，可能会产生截然不同的效果。大多数 Photoshop 滤镜都使用对话框处理用户输入的参数，同时提供预览框，以便于用户及时观察滤镜效果。

下面介绍一些滤镜的常见使用要领和技巧。

- 如果定义了选区，滤镜将应用于图像选区；反之，滤镜将对整个图像进行处理。

- 可以对某层图像、单一色彩通道或 Alpha 通道使用滤镜，然后通过色彩混合等来合成图像。或者将 Alpha 通道中的滤镜效果应用到主画面中。

- 滤镜以像素为单位进行处理，处理效果与图像的分辨率有关，相同的参数处理不同分辨率的图像，效果会有所不同。只对局部图像进行滤镜处理时，可对选取范围边缘进行羽化，使选取范围中的图像和原图很好地融合在一起。

- 可以组合使用多个滤镜，制作出漂亮的文字、图像或底纹。还可将使用多个滤镜的过程录制成一个动作，后续执行这个动作，即可完成多步的滤镜操作，就像使用一个滤镜命令进行操作一样便捷。

- 执行完某个滤镜命令后，该命令会显示在"滤镜"菜单的第一行，再次选择它或按 Ctrl+F 组合键，可重复执行该命令。按 Ctrl+Alt+F 组合键，会打开上一次执行滤镜命令的对话框。

- 复位功能。在滤镜设置对话框中按 Alt 键，"取消"按钮会变成"复位"按钮，单击它可以快速将滤镜设置恢复到刚打开对话框时的状态。

■　在位图、索引颜色和 16 位通道的色彩模式下不能使用滤镜。此外，对不同的色彩模式，使用范围也不同，在 CMYK 和 Lab 模式下，有部分滤镜不能使用，如艺术效果、画笔描边和素描等。

■　要想实现最佳效果，对滤镜的各项参数设置一定要反复多次尝试。一般先取参数的极值和中间值进行观察，了解大致效果，再细致地调整参数，直到找到最佳效果。

9.2　滤镜的分类和应用

Photoshop 滤镜按照功能分类，可分为 13 组，大概近 100 个滤镜。不同的滤镜组中，有些滤镜实现的功能效果很相似。

9.2.1　风格化滤镜组

风格化滤镜组通过替换像素，查找和增强图像中的对比度，使图像产生浮雕、玻璃、水滴、火焰等效果。此组滤镜非常具有创意，通常用来对图像进行最后的加工和修饰。

1．"查找边缘"滤镜

该滤镜可自动搜索画面中对比强烈的边缘，将高对比度区域变亮，低对比度区域变暗，其他区域介于二者之间，同时将硬边变为线条，柔边变粗，形成一个清晰的轮廓，使图像看起来像用铅笔勾画过轮廓一样，如图 9-1 所示。该滤镜不需要进行参数设置，而是直接执行。

图 9-1

2．"等高线"滤镜

该滤镜可自动查找颜色通道，围绕图像边缘勾勒一条细线，重复使用的效果会更好。将该滤镜用于多个图层，再合并这些图层，可得到复杂的设计效果。

其参数对话框中，各选项的含义如下。

■　**色阶：**表示基准亮度。

■　**边缘较低：**在基准亮度以下的轮廓上产生等高线，效果如图 9-2 所示。

■　**边缘较高：**在基准亮度以上的轮廓上产生等高线。

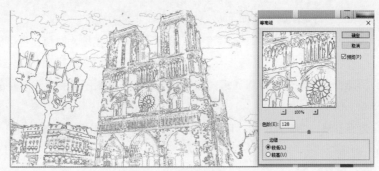

图 9-2

3．"风"滤镜

该滤镜可在图像中添加一些细小的水平线，模拟起风效果或运动效果。还可以调节风向和风力，效果逼真，是制作纹理或为文字添加阴影效果时常用的滤镜工具。

其参数对话框和应用效果如图 9-3 所示。如果需要生成不同方向的风，需要将图像先旋转到需要的方向，再应用"风"滤镜。

图 9-3

4．"浮雕效果"滤镜

该滤镜可勾画出图像的轮廓，用黑色或白色像素加亮图像中的高对比度边缘，同时用灰色填充低对比度区域，使图像产生浮雕效果，如图 9-4 所示。

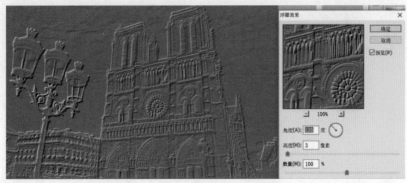

图 9-4

其参数对话框中，各选项的含义如下。

- **角度**：照射浮雕的光线角度（-360 度～ 360 度）。可直接输入数值，也可拖曳滑杆进行设置。

- **高度**：浮雕凸起的高度。浮雕滤镜的立体效果来源于复制图像和位移产生的重叠效果，所以高度值越大，浮雕效果越明显。

- **数量**：边界上黑、白像素的量。其值越大，边界越清晰；当值小于 40% 时，图像会变灰。

5. "扩散" 滤镜

该滤镜可随机移动像素或进行明暗互换，使图像看起来像是透过磨砂玻璃观看时的分离的模糊效果，如图 9-5 所示。

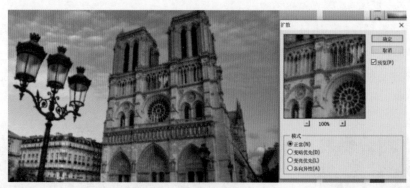

图 9-5

其参数对话框中，可选择 4 种模式，含义如下。

- **正常**：图像中所有的像素都随机移动，图像的亮度不变。
- **变暗优先**：较暗的像素会替换亮的像素，使边缘暗化。
- **变亮优先**：较亮的像素会替换暗的像素，使边缘亮化。
- **各向异性**：图像里的像素会扩散，变得柔和。

6. "拼贴" 滤镜

该滤镜可根据参数设定的拼贴数值将图像分成许多小方块，产生不规则的瓷砖拼贴效果，瓷砖之间留有一定的缝隙，缝隙中的内容可以自由设定，如图 9-6 所示。

图 9-6

其参数对话框中，各选项的含义如下。

- **拼贴数**：值越高，分块数量越多，当达到 99 个时，整幅图像就被 "填充空白区域用"

设置的颜色所覆盖。

- **最大位移**：即上层砖块和下层砖块错开的最大距离。
- **填充空白区域用**：设置用什么填充砖块缝隙，共包括 4 个选项。
  > **背景色**：以背景色补充间距的空白处。
  > **前景颜色**：以前景色补充间距的空白处。
  > **反向图像**：拼贴后，图像会自动保留一份在后面进行反选图像。
  > **未改变的图像**：计算机会自动复制一份，把复制的图像进行拼贴。

将最大位移改为 50% 后，效果如图 9-7 所示。

7. "曝光效果" 滤镜

该滤镜可产生图像正片和负片混合的效果，即把图像中亮度值大于 50% 的部分做反向处理，从而产生类似摄影艺术中的过度曝光效果，效果如图 9-8 所示。执行该命令，不弹出参数对话框。

图 9-7　　　　　　　　　　　　　　　　图 9-8

8. "凸出" 滤镜

该滤镜可将选择区域或图层转换成特殊的块状或金字塔状物体，产生特殊的三维背景效果，适用于制作刺绣和编织工艺的图案。

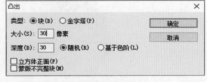

图 9-9

其参数对话框（见图 9-9）中各选项的含义如下。

- **块**：凸出的纹理为正方形，可以创建一个方形的正面和 4 个侧面的对象，如图 9-10 所示。
- **金字塔**：凸出的纹理是尖的，可以创建相交于一点的 4 个三角形侧面的对象，如图 9-11 所示。

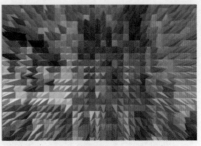

图 9-10　　　　　　　　　　　　　　　图 9-11

- **大小**：凸出形状的大小。
- **深度**：凸出类型的深度，不同凹出深度下的效果如图 9-12 和图 9-13 所示。

图 9-12　　　　　　　　　　　　　　　图 9-13

- **随机**：计算机随机运算。
- **基于色阶**：根据颜色来凸出，越亮的颜色凸出越多。
- **立方体正面**：选中此选项时，最上面凸出的正方形是一个色块；取消选中该选项时，最上面凸出的正方形则是根据图片颜色的随机色块。
- **蒙版不完整块**：凸出来的部分不会超过画布大小，一般不用选中。

▎**注意**▕~~~~~~

凸出滤镜都是以画布中心为中心点进行凸出的，所以想要达到什么样的效果，喷射中心点在哪儿都要在这儿调整好，如图 9-14 所示。

图 9-14

图片颜色对比强烈时，运用此滤镜效果更好，如图 9-15 所示。

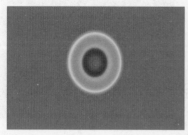

图 9-15

9. "照亮边缘"滤镜

该滤镜可寻找颜色突变的区域,把低对比度区域变成黑色,高对比度区域变成白色,加强其差距,产生比较明亮的轮廓线,从而产生一种类似霓虹灯的亮光效果。该滤镜具有"查找边缘"滤镜的反相效果,适合处理带有文字的图像,如图 9-16 所示。

图 9-16

图片颜色对比度越强,此滤镜效果越好,如图 9-17 所示。

图 9-17

9.2.2 画笔描边滤镜组

画笔描边滤镜组通过模拟不同的画笔或油墨笔刷来勾绘图像,产生绘画效果。

1. "成角的线条"滤镜

该滤镜可产生斜笔画风格的图像,类似于使用画笔按某一角度在画布上用油画颜料所涂画出的斜线,线条修长,笔触锋利,因此也被称为"倾斜线条"滤镜。与"彩色铅笔"的效果相似,但得到的颜色更深些,如图 9-18 所示。

图 9-18

其参数对话框中各选项的含义如下。

- **方向平衡**：调整成角线条的方向控制。
- **描边长度**：控制线条的长度。
- **锐化程度**：数值越大，颜色越亮，效果越生硬；数值越小，成角线条越柔和。

2．"墨水轮廓"滤镜

该滤镜可以产生使用墨水笔勾画图像轮廓线的效果，图像具有比较明显的轮廓，也被称为"彩色速写"滤镜，如图 9-19 所示。

图 9-19

3．"喷溅"滤镜

该滤镜可产生辐射状水珠溅射效果，或被雨水打湿的视觉效果，也被称为"雨滴"滤镜，如图 9-20 所示。

图 9-20

4．"喷色描边"滤镜

该滤镜可产生按一定方向喷洒水花的效果，并可控制喷色的方向，画面看起来如被雨水冲刷过一样，也被称为"喷雾"滤镜，如图 9-21 所示。

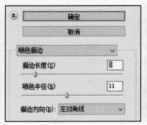

图 9-21

其参数对话框中各选项的含义如下。

- **描边长度**：调整当前文件图像喷色线条的长度。
- **喷色半径**：调整当前文件图像喷色半径的程度，数值越大，喷溅的效果越差。
- **描边方向**：包括右对角线（即斜线 45°）、左对角线（即斜线 –45°）、水平、垂直 4个选项。

5. "强化的边缘"滤镜

该滤镜类似于使用彩色笔来勾画图像边界形成的效果，使图像有一个比较明显的边界线，可增强物体边缘的反差，也被称为"加粗边线"滤镜，如图 9-22 所示。

图 9-22

6. "深色线条"滤镜

该滤镜使用用短而密的线条绘制深色区域，用长而白的线条绘制浅色区域，从而产生不同强度、方向的倾斜黑色阴影效果，如图 9-23 所示。

图 9-23

7. "烟灰墨"滤镜

该滤镜可将带有细节的区域变成几乎全黑，常用于修复很亮的图像，如图 9-24 所示。它能使带有文字的图像产生特殊效果，所以也被称为"书法"滤镜，如图 9-25 所示。

其种，描边压力用于调整当前文件图像描边的压力，其数值越大，图像越生硬。

图 9-24

图 9-25

8. "阴影线"滤镜

该滤镜可使图像中的笔划产生交叉网状线条效果，与"彩色铅笔"和"成角线条"相似，但效果更生动。也有人称它为"十字交叉斜线"滤镜，如图 9-26 所示。

图 9-26

在其参数对话框中，阴影线的锐化程度越大，效果越生硬；数值越小，效果越柔和。阴影线的强度，可以把像素颜色变亮。

9.2.3　模糊滤镜组

模糊滤镜组通过减少相邻像素间的色差，使粗糙图像变得柔和，或使背景变虚，从而突出画面主体。

1.　"表面模糊"滤镜

　　该滤镜可在保留图像边缘的情况下，对图像表面进行模糊处理，如对人物进行磨皮（见图 9-27）。在其参数对话框中，半径用于确定模糊的范围，阈值用于确定模糊的程度。

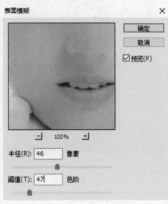

图 9-27

注意

　　在对人物皮肤的处理上，该滤镜比"高斯模糊"滤镜更有效，因为高斯模糊在使人物皮肤光洁的同时，将一些边缘特征（如眉毛、嘴唇等）模糊掉了。

2.　"动感模糊"滤镜

　　该滤镜模仿运动物体的拍摄手法，对像素进行线性位移，从而产生沿某个方向的模糊效果，为静止的对象增加动感，如图 9-28 所示。

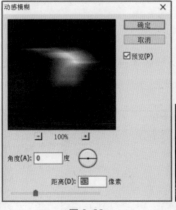

图 9-28

　　动感模糊是把当前图像的像素向两侧拉伸，在参数对话框中可以对角度和拉伸的距离进行调整。拖曳对话框底部的划杆或直接输入数值，可调整模糊的程度。

　　【实例 9-1】使用"动感模糊"滤镜，制作疾飞的白鹭，如图 9-29 所示。

图 9-29

提示

在实际运用中，往往不需要全画面模糊，可先选择需要模糊的范围，然后执行"动感模糊"命令；或者创建图层的副本，在背景层执行"动感模糊"命令。

3．"方框模糊"滤镜

该滤镜以一定大小的矩形为单位，对矩形内包含的像素点进行整体模糊运算。相比高斯模糊，阈值调节精度小很多，适用于对模糊效果要求不高的图像，如图 9-30 所示。在其参数对话框中，半径值用来调整模糊的程度。

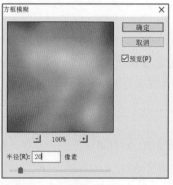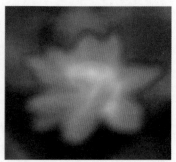

图 9-30

4．"高斯模糊"滤镜

该滤镜用高斯分布方程对每对像素进行精确的转换，其值落在两个像素的颜色值中间，而非两端，得到整体模糊，且不会将图像变暗或变亮。其参数对话框和效果如图 9-31 所示。

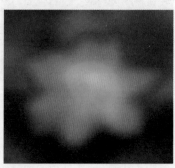

图 9-31

"高斯模糊"滤镜常用于突出主体、虚化背景的情况。通常会创建图层的副本，对其进行制作模糊效果，并调整为半透明状态，最后合并图层得到虚化背景的效果。

5."模糊"滤镜

该滤镜可使图像变得模糊一些，能去除图像中明显的边缘或非常轻度的柔和边缘，如同在照相机的镜头前加了柔光镜后产生的效果。

6."进一步模糊"滤镜

该滤镜与"模糊"滤镜产生的效果一样，只是强度增加 3 ～ 4 倍，变化细微。可重复对同一对象进行使用，逐步加强模糊效果。如一个对象经过其他模糊处理后，基本效果已经满意，但模糊程度稍有欠缺，可以使用这个滤镜进一步加强效果。

7."径向模糊"滤镜

该滤镜可设置像素点模糊为同心圆或者由内发散，从而达到模糊的效果。

其参数对话框中各选项的含义如下。

- **模糊方法：**包括"旋转"和"缩放"两个选项。

  > **旋转：**可模仿旋涡的质感，常用来制作高速旋转效果，如图 9-32 所示。

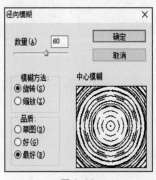

图 9-32

  > **缩放：**缩放效果，经常用在体现物体的夸张闪现，如图 9-33 所示。

- **品质：**包括"草图""好""最好"3 个选项，其中草图的模糊效果是最一般的。

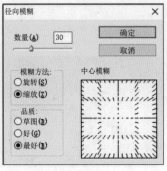

图 9-33

为了效果更佳，可将需要完整保留的部分复制，形成图层的副本，然后为原图层添加径向模糊效果，最后使用"橡皮擦工具"的柔边画笔，将图层副本的虚化部分擦掉，保留不虚化的主体，最后合并图层。

8. "镜头模糊"滤镜

该滤镜是专业的模糊滤镜，用 Alpha 通道或图层蒙版的深度值来映射像素的位置，通过对多个阈值的调节，使图像中的一些对象在焦点内，使另一些区域变模糊，生成景深效果。

其参数对话框（见图 9-34）中各选项的含义如下。

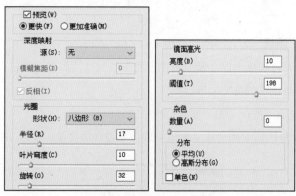

图 9-34

- **预览**："更快"可提高预览速度，"更加准确"可查看图像的最终效果，但会增加预览时间。
- **深度映射**：其中的各选项含义如下。
  - **源**：下拉列表中包括"无""透明度""图层蒙版""Alpha"4 个选项。如果图像包含 Alpha 通道并选择了该项，则 Alpha 通道中的黑色区域被视为位于照片的前面，白色区域被视为位于远处的位置。
  - **模糊焦距**：设置位于焦点内像素的深度。
  - **反相**：选中该选项，可以反转蒙版和通道，再将其应用。
- **光圈**：用来设置模糊的显示方式。
  - **形状**：设置光圈的形状，下拉列表中包括"三角形""方形""五边形""六边形""七边形""八边形"6 个选项，效果如图 9-35 所示。

图 9-35

图 9-35（续）

> **半径**：用于调整模糊的数量。

> **叶片弯度**：对光圈边缘进行平滑处理。

> **旋转**：可旋转光圈。

■ **镜面高光**：用来设置镜面高光的范围。其中，阈值用来设置亮度截止点，比该截止点亮的所有像素都被视为镜面高光。亮度 0+ 阈值 200、亮度 50+ 阈值 200、亮度 100+ 阈值 200 的效果如图 9-36 所示。

图 9-36

■ **杂色**：拖曳"数量"滑块可以在图像中添加或减少杂色。分布方式包括"平均"和"高斯分布"两种。单色指在不影响颜色的情况下为图像添加杂色。

【**实例 9-2**】使用"镜头模糊"滤镜虚化背景，突出娃娃，如图 9-37 所示。

图 9-37

9．"平均"滤镜

该滤镜使用图像的平均色值填充原图层，产生模糊效果（不需要进行参数设置）。

【**实例 9-3**】使用"平均"滤镜，为照片调色，如图 9-38 所示。

图 9-38

10. "特殊模糊"滤镜

该滤镜可将图像中除边缘之外的所有内容或选区都进行虚化处理，图像仍具有清晰的边界，有助于去除图像色调中的颗粒、杂色。

其参数对话框如图 9-39 所示，各选项的含义如下。

- **半径**：以半径值为范围进行模糊。当半径太大时，有时会看不清线条；但是对于一些风景照片，半径可以被设置得较大。因此需要反复调试。

- **阈值**：调整当前选定图像的模糊程度。该值越大，像素值差异越大，留下的线条越少；该值越小，像素值差异越小，留下的线条越多。

- **品质**：包括"低""中""高"3 个选项，其中"高"的质量特别高，常用于做速写效果。

- **模式**：其中各项的含义如下。

  > **正常**：计算机默认的模式。

  > **边缘优先（或仅限边缘）**：如果运用了这个模式，单击"确定"按钮之后，当前图像背影自动变为黑色，留下的图片中物体的边缘为白色（做速写效果）。

  > **叠加边缘**：应用白色的边缘。

执行滤镜时，参数设置不同，效果有很大差别。图 9-40 显示了"半径"为 2、"阈值"为 50 的效果，图 9-41 显示了"半径"为 30、"阈值"为 80 的效果。

图 9-39

图 9-40

图 9-41

11. "形状模糊"滤镜

该滤镜使用指定的形状来创建模糊效果,对形状范围内的像素点进行整体模糊运算。其参数对话框如图 9-42 所示。

> **提示**
>
> 将"高斯模糊""方框模糊""动感模糊""形状模糊"滤镜应用于选区时,选区边缘有时会产生意料之外的效果。例如,虚化背景时,背景区边缘有时会沾染前景中的颜色(原因是这些模糊滤镜会使用选区外的数据),从而导致前景轮廓模糊和浑浊。为避免这种情况,建议使用"特殊模糊"或"镜头模糊"滤镜。

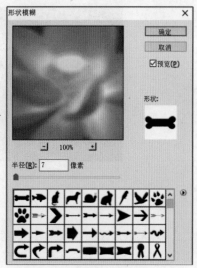

图 9-42

9.2.4 扭曲滤镜组

扭曲滤镜组通过移动图像中的颜色,可获得特殊的拉伸、扭曲、扩散和振动等几何变形效果,从而创建三维或其他变形效果。这些滤镜在运行时一般会占用较多的内存空间。

1. "波浪"滤镜

该滤镜可根据设定的波长等产生不同形状的波动效果,其参数对话框如图 9-43 所示。

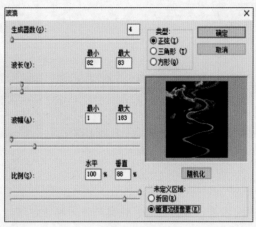

图 9-43

- **生成器数**:数值越大,图像里出现的重影越多。
- **波长**:最小值控制最大划杆拖曳的终点位置,最大值控制最小划杆拖曳的终点位置。
- **波幅**:最小值控制最大划杆拖曳的终点位置,最大值控制最小划杆拖曳的终点位置。
- **比例**:设置水平或垂直的变形比例。
- **类型**:包括"正弦""三角形""方形"3 种类型,效果如图 9-44 所示。

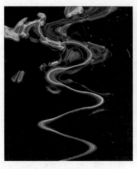

图 9-44

- **随机化**：设置随机变形。
- **未定义区域**：折回表示把图像分为多部分进行显示。重复边缘像素，表示在原图形基础上往上进行复制。

2．"波纹"滤镜

该滤镜与"波浪"滤镜的效果类似，可产生水波荡漾的涟漪效果，但操作更简单。其参数对话框如图 9-45 所示，各选项的含义如下。

- **数量**：调整波纹大小的程度。

图 9-45

- **大小**：包含"小""中""大"3 个选项，用于决定波纹幅度，效果如图 9-46 所示。

图 9-46

3．"玻璃"滤镜

该滤镜可对画面中的内容进行移位处理，使其产生一种透过玻璃看图像的视觉效果。用户选用不同的玻璃纹理，可生成不同的变形效果。其参数对话框如图 9-47 所示。

其中，"纹理"选项可以模仿块、画布、磨砂、小镜头的质感，单击其右侧的下拉三角按钮，可载入纹理文件。"反相"用于改变纹理以及玻璃效果的方向。

【实例 9-4】使用玻璃滤镜，制作方块玻璃效果，如图 9-48 所示。

图 9-47

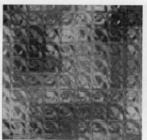

图 9-48

4. "海洋波纹"滤镜

该滤镜可为图像表面增加随机间隔的波纹，使图像看起来好像是在水面下，产生一种在水中浸泡的效果。

【实例 9-5】使用海洋波纹滤镜，制作奇特水波纹效果，如图 9-49 所示。

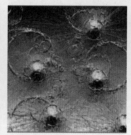

图 9-49

5. "极坐标"滤镜

该滤镜可重新绘制图像中的像素，使图像在极坐标和直角坐标之间转换，从而把矩形物体拉弯，把圆形物体拉直。运用此滤镜的图片最好是正方形的。极坐标滤镜参数设置简单，效果却很神奇，如图 9-50 和图 9-51 所示。

图 9-50   图 9-51

其参数对话框中各项的含义如下。

- **平面坐标到极坐标：** 它以图像中间的点为中心点进行极坐标旋转。
- **极坐标到平面坐标：** 它以图像的底部的点为中心点进行旋转。

【实例 9-6】使用"极坐标"滤镜，制作射线效果，如图 9-52 所示。

图 9-52

【实例 9-7】使用"风""极坐标"滤镜，制作烟花绽放效果，如图 9-53 所示。

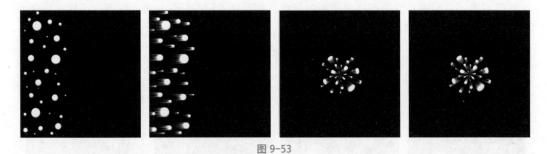

图 9-53

【实例 9-8】使用"极坐标"滤镜，制作草地足球，如图 9-54 所示。

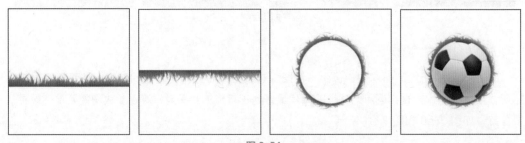

图 9-54

【实例 9-9】使用"极坐标"滤镜，制作城市舞者，如图 9-55 所示。

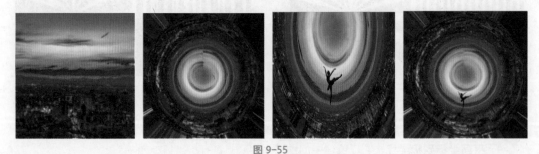

图 9-55

6．"挤压"滤镜

该滤镜通过缩小或放大选择区域，使图像产生向内或向外挤压的效果。

其参数对话框如图 9-56 所示，"数量"用来调整挤压程度，为 0 时不产生积压效果，为正值时形成挤压效果，为负值时形成凸出效果。

"挤压"滤镜常用于照片的校正。如图 9-57 所示，照片中人的右眼明显稍小，可通过挤压滤镜进行调整。

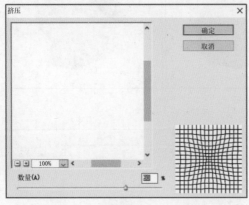

图 9-56　　　　　　　　　　　　　　　　　　　图 9-57

7．"扩散亮光"滤镜

该滤镜可产生被火炉等灼热物体烘烤时的明亮视觉效果，在原图像中的浅色部分加上一些背景色调，制作出一种溶入画面中的发光效果，也有人称其为"漫射灯光"。

其参数对话框如图 9-58 所示，"粒度"用于调整扩散亮光的粒度，"发光量"用于调整发光量的程度，"清除数量"用于调整粒度的数量。

扩散亮光滤镜可以用在照片的后期处理中，如图 9-59 所示。

图 9-58

图 9-59

8．"切变"滤镜

该滤镜可在垂直方向上产生弯曲效果，制作复杂的扭曲效果，如图 9-60 所示。

其参数对话框中各项的含义如下。

- **加点调整**：单击缩略图上的线，可增加调整点。

- **减点调整**：按住线上的点往外拖曳，可减少调整点。

- **折回**：如果选中该选项，调整缩略图时超出图像，则会进行补充。

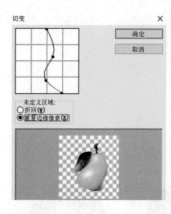

图 9-60

- **重复边缘像素**：如果选中该单选按钮，调整缩略图时超出图像，则不会进行补充。

9. "球面化" 滤镜

该滤镜可使图像区域膨胀，实现球形化，形成类似将图像贴在球体或圆柱体表面的效果。其参数对话框如图 9-61 所示，当 "数量" 为负值时将产生凹陷的效果。

其中各项的含义如下。

- **数量**：调整球面化的大小。数值为 0，是标准效果；数值为正，形成球面化凸出效果；数值为负，形成向中心挤压的效果，如图 9-62 所示。

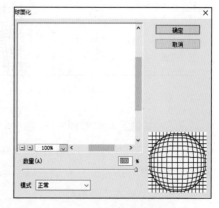

图 9-61

图 9-62

- **模式**：调整区域膨胀的方向，包括 "正常" "水平优先" "垂直优先" 3 个选项，效果如图 9-63 所示。

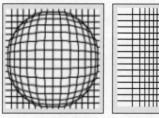
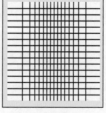
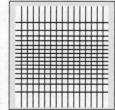

图 9-63

10. "水波"滤镜

该滤镜可产生波纹和旋转等曲折效果，就像在水池中抛入了一块石头所形成的涟漪，尤其适用于制作同心圆类的波纹，因此也被称为"锯齿波"滤镜。

在其参数对话框中，"数量"用于设置水波纹的数量，"起伏"用于设置水波纹的起伏程度；"样式"用于设置从哪儿出现水波纹效果，包括"围绕中心""从中心向外""水池波纹"3个选项。

运用"水波"滤镜做出的水中倒影效果，如图 9-64 所示。

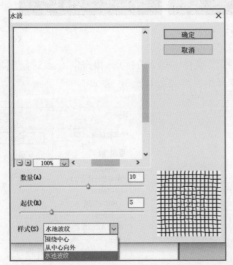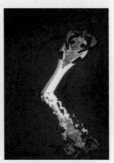

图 9-64

【**实例 9-10**】使用"水波"滤镜，制作城市倒影，如图 9-65 所示。

图 9-65

11. "旋转扭曲"滤镜

该滤镜可产生风轮旋转的效果，它甚至可以产生将图像置于一个大旋涡中心螺旋扭曲的效果。

【**实例 9-11**】使用"径向模糊""旋转扭曲"滤镜，制作旋涡效果，如图 9-66 所示。

12. "置换"滤镜

该滤镜比较复杂，常用于不同图像混合时，使图像纹理走向更加贴合。"置换"滤镜可使图像产生位移，位移效果取决于参数设定和选取的置换图。

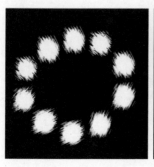

图 9-66

置换图必须是 PSD 格式的图像，用来指定置换滤镜移动颜色的距离和方向。当对某图层应用"置换"滤镜时，其像素会被置换图的像素拉扯挤压，产生变形效果。

其参数对话框如图 9-67 所示，各项的含义如下。

- **水平比例**：置换滤镜的水平比例。

- **垂直比例**：置换滤镜的垂直比例。

- **置换图**：置换图小于图层图像时的填充方式。

    > **伸展以适合**：伸展变形置换图。

    > **拼贴**：使用多个置换图，以多图拼贴的形式呈现。

- **未定义区域**：用什么填充空出来的区域。

图 9-67

    > **折回**：把当前图像分为碎块，仿制折成的质感。

    > **重复边缘像素**：重复边缘像素。

【实例 9-12】使用"置换"滤镜，制作皱纹字效果，如图 9-68 所示。

图 9-68

9.2.5 锐化滤镜组

锐化滤镜组主要用来通过增强相邻像素间的对比度，使图像具有明显的轮廓，并变得更加清晰。图像模糊的原因有很多，可能是拍照时物体移动了、摄影者移动了、相机聚焦不良等，因此需要校正其模糊区域。锐化滤镜组的效果与模糊滤镜组正好相反。

1．"USM 锐化"滤镜

该滤镜是精确锐化的最好方法，可以修正原稿中的模糊现象，以及复制、印刷过程中产生的模糊现象。通过锐化图像的轮廓，使图像不同颜色间生成明显的分界线，从而达到图像清晰化的目的，如图 9-69 所示。与其他锐化滤镜不同的是，该滤镜允许用户设定锐化的程度，因此也被称为"虚蒙版锐化"滤镜。

图 9-69

其参数对话框中各项的含义如下。

- **数量**：数值越大，图像里像素的颜色越亮。
- **半径**：数值越大，图像深色部位的像素越深。
- **阈值**：阈值数值越大，图像的像素越浅。

2．"锐化"滤镜

对模糊图像进行纠正，寻找图像中有极大颜色变化的区域，使亮处更亮，暗处更暗，修饰痕迹较明显。锐化滤镜的效果比"进一步锐化"滤镜的效果还弱，适合为图片稍微增加锐化值，执行次数超过两次就会有失真感。这个滤镜也没有参数对话框。

3．"进一步锐化"滤镜

等于两次"锐化"，修饰痕迹更明显，此滤镜不能恢复图像中完全丢失的内容，只能稍微改善图像质量。没有参数对话框。对图片执行多次"进一步锐化"滤镜，图片颜色信息缺失会越来越严重，如图 9-70 所示。

4．"锐化边缘"滤镜

同"USM 锐化"滤镜类似，但它没有控制参数，且它不影响整个图像，只为画面中物体的边缘处增强反差，不会有"进一步锐化"滤镜带有的那种粗糙的感觉，如果反差较小，则不会锐化处理。对图像的质量影响轻微，但很重要，图 9-71 所示为原图以及执行 3 次"锐化边缘"滤镜后的效果。

图 9-70

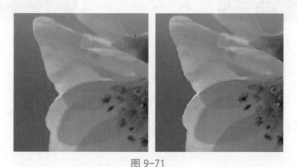

图 9-71

5. "智能锐化"滤镜

该滤镜具有"USM 锐化"滤镜所没有的锐化控制功能。可以设置锐化算法，或控制在阴影和高光区域中进行的锐化量，其参数对话框如图 9-72 所示。

图 9-72

其中各项的含义如下。

- **设置：**可以存储锐化预设。

- **数量：**设置锐化量。较大的值将增强边缘像素之间的对比度，从而看起来更加锐利。
- **半径：**决定边缘像素周围受锐化影响的像素数量。半径值越大，受影响的边缘就越宽，锐化的效果也就越明显。
- **移去：**减少不需要的杂色，同时保持重要边缘不受影响，包含如下 3 个选项。
  - ＞ **高斯模糊：**与"USM 锐化"滤镜使用的算法一致，在移除一般性模糊时选用。
  - ＞ **镜头模糊：**检测图像中的边缘和细节，可对细节进行更精细的锐化，并减少锐化光晕。也可尝试移除因镜头抖动所产生的模糊。
  - ＞ **动感模糊：**移除因拍摄对象的移动或相机移动而产生的模糊。可设置"角度"控件。

"阴影""高光"选项卡中各选项的含义如下。

- **渐隐量：**调整高光或阴影中的锐化量，值越大，锐化效果就越弱。提示，噪点一般发生在阴影区域，通过提高阴影的渐隐量，可减少对噪点的锐化。
- **色调宽度：**值越大，影响的色阶范围也就越大。
- **半径：**值越大，要分析的周围区域也就越大，因此，一些周围像素的相对关系可能会发生变化。例如，半径之内本来属于亮像素，由于半径变大而相对地划归为暗像素。对图像执行"智能锐化"滤镜后的效果如图 9-73 所示。

图 9-73

9.2.6　视频滤镜组

视频滤镜组是一组控制视频工具的滤镜，它们主要用于处理从摄像机中输入的图像或将图像输出到录像带上来做准备工作。

1．"NTSC 颜色"滤镜

NTSC 颜色是欧美国家的电视颜色制式，中国一般是 PAL 制式。"NTSC 颜色"滤镜可消除普通视频显视器上不能显示的非法颜色，使图像色域匹配 NTSC 视频的标准色域。

此滤镜对图像的处理效果不太明显。为了观察效果，我们把图像的明暗变化改变一下，使图像呈现失真的颜色。通过曲线进行调整，然后执行"NTSC 颜色"滤镜，看到图像中部分区域颜色失真，表示不匹配 NTSC 视频的标准色域，如图 9-74 所示。

图 9-74

2. "逐行" 滤镜

该滤镜用来处理那些使用视频卡或视频源（如录像机）所捕获的图像。视频图像是由交错的奇数扫描线和偶数扫描线组成的，电视与计算机不同，计算机的扫描方式是逐行扫描，而电视的显示方式是隔行扫描，就是在电视上看到的一个画面是由单数场和双数场两个画面组成的，用录像机录电视屏幕时，你会发现电视的屏幕在闪动，这就是隔行显示的原因。此滤镜可以通过模拟现实光照效果，消除图像中的异常交错线来解决电视隔行扫描显示的问题。对图像的处理效果不太明显，其参数对话框如图 9-75 所示。

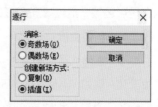

图 9-75

其中各项的含义如下。

■ **消除：** 以像素线为单位，消除奇数场或偶数场的横线。

■ **创建新场方式：** 消除横线后补充的内容。其中，"复制"指复制相邻内容，"插值"指根据颜色值运算。

打开一个覆盖了横线条的文件，横线高是 1 像素，每条横线相隔 1 像素。为其应用"逐行"滤镜，选择奇数场时，图像全黑；选择偶数场时，横线条将被去除，如图 9-76 所示。

图 9-76

9.2.7　素描滤镜组

素描滤镜组用来在图像中添加纹理，使图像产生素描、速写的艺术效果。需要注意的是，许多素描滤镜在重绘图像时使用前景色和背景色，且只对 RGB 或灰度模式的图像起作用。绘图笔和半调图案相似，便条纸和塑料效果相似，图章、影印、网状和撕边相似。

1. "半调图案" 滤镜

该滤镜以重叠的点再现图像，即使图像的前景和背景色形成网状图案的效果。图像色彩将被去掉，变成以灰色为主，如图 9-77 所示。

图 9-77

不同的图片，不同的参数，会产生多种多样的效果，如图 9-78 所示。

图 9-78

2．"便条纸"滤镜

该滤镜可产生一种类似凹板画的凹陷压印效果，图像中较暗的部分用前景色处理，较亮的部分用背景色处理。其参数对话框如图 9-79 所示。

使用默认的前景色和背景色，对白色画面执行该滤镜后，会产生纸张的褶皱感，如图 9-80 所示。

图 9-79　　　　　　　　　　　　　　　　　　图 9-80

不同的图片效果有很大不同，如图 9-81 所示。

3．"粉笔和炭笔"滤镜

该滤镜可产生一种粉笔和炭精涂抹的草图效果。将图像简化为 3 种颜色，即前景色、背景色和默认中灰色，其参数对话框和效果如图 9-82 所示。

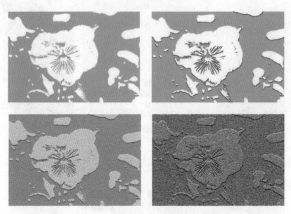

图 9-81

图 9-82

4. "铬黄"滤镜

该滤镜可使图像产生光滑的液态金属效果，高亮区更加凸起，阴影区更加凹陷。图像颜色将失去，只存在黑、灰两种颜色，但表面会根据图像呈现铬黄纹理，有些像波浪。其参数对话框和效果如图 9-83 所示。

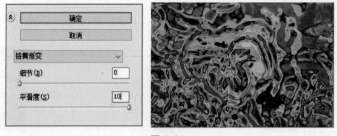

图 9-83

5. "绘图笔"滤镜

该滤镜使用斜线捕捉图像中的细节，产生一种画笔手工素描的效果。先定义边缘，对油墨线条使用前景色，使边缘产生墨水描绘过的黑色轮廓，再放置白线条。然后放置墨线条，对纸张使用背景色，图像中的阴影部分产生较浓的笔画，高亮部分产生较稀的笔画，替换原图像中的颜色。使用滤镜后，当前图案的彩色消失，只存在黑、白两种颜色。

其参数对话框和效果如图 9-84 所示。

图 9-84

对于静物和风景照片，可制作出旧木器或钢版雕刻效果，如图 9-85 所示；对于人物肖像，则会增加瑕疵、斑痕等负面效果，如图 9-86 所示。

图 9-85   图 9-86

6. "基底凸现" 滤镜

该滤镜可产生一种粗糙的、用光线照射表面会发生变化的、类似浮雕的效果，也会产生类似铜箔、铸铁或石刻的效果。图像较暗的区域使用前景色，较亮区域使用背景色。

使用滤镜后，图像将只存在黑、灰、白 3 种颜色。其参数对话框和效果如图 9-87 所示。

图 9-87

7. "石膏效果"滤镜

该滤镜可产生一种类似石膏喷刷覆盖的效果，高亮区由背景色取代，阴影区由前景色取代。其参数对话框和效果如图 9-88 所示。其中，"图像平衡"调整图像高光和暗调之间的比例，"光照"为石膏增加不同方向的光源。

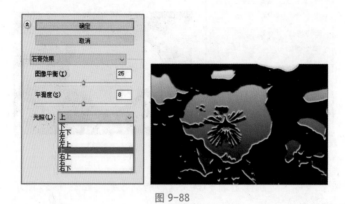

图 9-88

8. "水彩画纸"滤镜

该滤镜可使图像产生一种画面被水淋湿、纸张纤维扩散，而使图像模糊的效果。它能保持原稿的颜色，可在背景上添加阴影线，并柔化画面的主体内容。注意，用"海绵"滤镜也可产生类似的效果。

其参数对话框和效果如图 9-89 所示。其中，"纤维长度"通过调整纤维的长度，模拟画纸的湿润度；"亮度"调整画纸的亮度；"对比度"调整色彩的对比度。

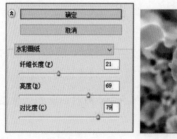

图 9-89

9. "撕边"滤镜

该滤镜可重新组织图像为被撕碎的纸片效果，用前景色和背景色为图片上色，在二者交界处产生一种类似浪花溅射的分裂效果，是一种对"图章"滤镜的重复。该滤镜适合有文本或对比度高的图像。

其参数对话框和效果如图 9-90 所示。"图像平衡"用于调整图像的黑白阈值；"平滑度"用于调整图像细节的多少；"对比度"用于调整图像对比度值，数值越大，杂点越多。

对文字应用"撕边"滤镜，效果如图 9-91 所示。

图 9-90

图 9-91

10. "炭笔"滤镜

该滤镜可产生一种类似蜡笔描绘的艺术效果。对图像中主要的边缘用粗线绘制，对中间色调用对角细线条素描。其中，炭笔为前景色，纸张为背景色。与"粉笔和炭笔"滤镜很像。执行滤镜后，图像只存在黑、灰、白 3 种颜色。

其参数对话框与效果如图 9-92 和图 9-93 所示。其中，"细节"调整中间色调中对角细线条的细节，"明 / 暗平衡"调整黑、白、灰的多少。

图 9-92

图 9-93

11. "炭精笔"滤镜

该滤镜可使用前景色和背景色产生一种用炭精勾勒草图的手工描绘效果。此滤镜的颜色较难控制，需要不断地尝试才可能达到满意的效果，其参数对话框和效果如图 9-94 所示。

图 9-94

> **注意**

素描滤镜组的"炭精笔"滤镜，纹理滤镜组的"纹理化"滤镜，艺术效果滤镜组的"粗糙蜡笔"和"底纹效果"滤镜，四者的参数对话框基本是相同的，各选项含义如下。

- **前景色阶：** 调整前景色的色阶。

- **背景色阶：** 调整前后景色的色阶。

- **纹理：** 包含"砖形""粗麻布""画布""砂岩"4 种纹理。

- **缩放：** 调整纹理的大小。

- **凸现：** 调整纹理的高低。

- **光照：** 为画面增加不同方向的光源。

- **反相：** 将纹理反相显示。

不同纹理的图像效果如图 9-95 所示。

图 9-95

12. "图章"滤镜

该滤镜使图像简化，突出主体，损失多数细节，看起来像是用橡皮图章或木制图章盖上去的效果。一般用于黑白图像，其参数对话框和效果如图 9-96 所示。其中，"明／暗平衡"用于设置黑白颜色的比例，"平滑度"用于调整图像细节的多少。

图 9-96

13．"网状"滤镜

该滤镜可使图像表面产生被网格遮盖的效果，像在粗糙的沙纸上盖章一样。图像的暗色调区域好像被结块，高光区域好像被轻微颗粒化。

其参数对话框如图 9-97 所示。其中，"浓度"表示调整网状颗粒的多少，数值越大，图像越亮；数值越小，图像越暗，如图 9-98 所示。

图 9-97

图 9-98

14．"影印"滤镜

该滤镜可产生凹陷压印的立体感效果，图像色彩被去除，只剩下棕色（木雕效果）。"影印"滤镜能使图像产生一种模糊复制的效果，保留了图像中的大多数细节，会产生有些令人迷惑的图像。

其参数对话框和效果如图 9-99 所示。其中，"细节"用于调整图案轮廓的粗细程度，"暗度"用于调整图像的明暗度。

图 9-99

【**实例9-13**】使用"半调图案""旋转扭曲"滤镜，制作色彩缤纷的棒棒糖，如图9-100所示。

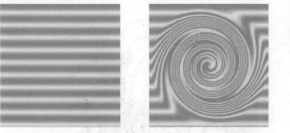

图 9-100

【**实例9-14**】使用"便条纸""高反差保留"滤镜，制作线描花卉效果，如图9-101所示。

图 9-101

【**实例9-15**】使用"铬黄""镜头光晕""水波"滤镜，制作水波纹效果，如图9-102所示。

图 9-102

【**实例9-16**】使用"基底凸现""云彩""径向模糊""高斯模糊""铬黄""旋转扭曲""水波"等滤镜，制作水波效果，如图9-103所示。

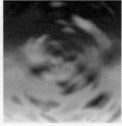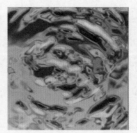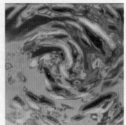

图 9-103

【**实例 9-17**】使用"便条纸""照亮边缘"滤镜，制作万马奔腾的炭笔画效果，如图 9-104 所示。

图 9-104

9.2.8 纹理滤镜组

纹理滤镜组主要用于生成具有纹理效果的图案，使图像具有质感。该滤镜可在空白画面上直接工作，生成相应的纹理图案。

1."龟裂缝"滤镜

该滤镜可在空白画布上产生凹凸不平的裂纹效果，与龟甲上的纹路十分相似，如图 9-105 所示。

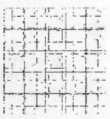

图 9-105

在其参数对话框中，"裂缝间距"用于设置裂缝纹理的大小，"裂缝深度"用于设置裂缝纹理的清晰度，"裂缝亮度"用于设置裂缝纹理的明暗度。

也可以为图片添加"龟裂缝"滤镜，如图 9-106 所示。

图 9-106

2．"颗粒"滤镜

该滤镜可为图像增加一些杂色点，使图像表面产生颗粒效果，如图 9-107 所示。

图 9-107

其中各项的含义如下。

- **强度**：调整显示颗粒的清晰度。
- **对比度**：调整颗粒颜色的对比度。
- **颗粒类型**：包括 10 种类型。其中："点刻"可使图像呈黑白色，平面都是点状颗粒；"水平""垂直"可使颗粒向两侧或上下拉伸，呈线形；"强反差"可将当前图像对比度变强。

多尝试各种参数的组合，图片会有意料之外的效果，如图 9-108 所示。

图 9-108

3．"马赛克拼贴"滤镜

该滤镜可产生分布均匀，但形状不规则的马赛克效果，如图 9-109 所示。

图 9-109

4．"拼缀图"滤镜

该滤镜在"马赛克拼贴"滤镜的基础上增加了一些立体感，使图像产生建筑瓷片的自由拼贴效果，因此也被称为"拼图游戏"滤镜，如图 9-110 所示。

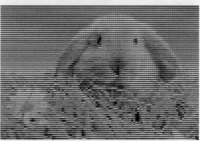

图 9-110

5．"染色玻璃"滤镜

该滤镜可使图像内产生平铺的彩色玻璃格子的效果，玻璃格子的色彩为当前前景色，如图 9-111 所示。

图 9-111

6．"纹理化"滤镜

该滤镜可产生多种类型的纹理效果，使图像看起来富有质感。它尤其擅长处理含有文字的图像，使文字呈现比较丰富的特殊效果，如图 9-112 所示。

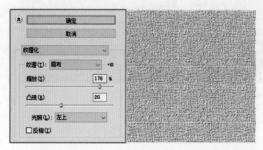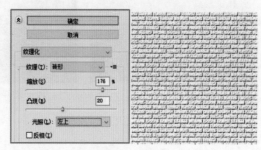

图 9-112

【实例 9-18】 使用"颗粒""添加杂色""云彩""分层云彩""查找边缘"滤镜，制作冷却熔岩纹理效果，如图 9-113 所示。

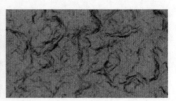

图 9-113

【**实例 9-19**】使用"颗粒""高斯模糊""查找边缘"滤镜，制作五彩纸屑效果，如图 9-114 所示。

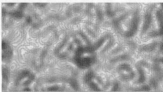

图 9-114

【**实例 9-20**】使用"染色玻璃""最小值""浮雕效果"滤镜，制作贝壳文字效果，如图 9-115 所示。

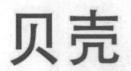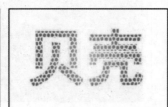

图 9-115

【**实例 9-21**】使用"纹理化"滤镜制作边框效果，如图 9-116 所示。

图 9-116

9.2.9 像素化滤镜组

像素化滤镜组可对图像做各种分块处理，使其分解成肉眼可见的像素颗粒，如方形、不规则多边形和点状等，此时图像将变得粗糙。

1. "彩块化"滤镜

该滤镜可把颜色相近的像素合并成小块，产生手工绘画的效果。此滤镜没有参数对话框，效果如图 9-117 所示。读者可在计算机上将图像放大，观察应用滤镜后的图像效果。

图 9-117

2. "彩色半调"滤镜

该滤镜可将图像中的每种颜色分离，将一幅连续色调的图像转变为半色调的图像，然后填充颜色，使图像看起来类似彩色报纸印刷效果或铜版化效果，其参数和效果如图 9-118 所示。

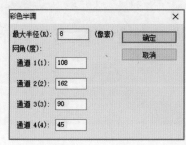

图 9-118

其中各项的含义如下。

- **最大半径**：调整彩色半调的大小，是产生的圆点中最大圆的半径值。
- **网角（度）**：以圆形填充整个画面，可分别对各通道的填充颜色进行设置。

当图片是彩色时，滤镜效果如图 9-119 所示。将图片改为灰度模式，效果如图 9-120 所示。

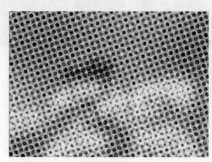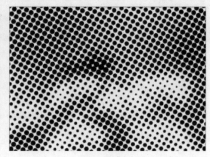

图 9-119 图 9-120

根据这个特性，可以制作波点图像，如图 9-121 所示。

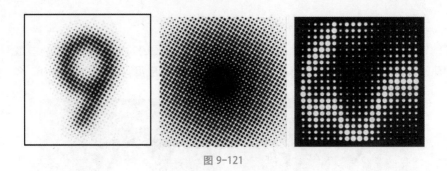

图 9-121

3．"点状化"滤镜

该滤镜可将图像分解为随机的彩色小点，点内使用平均颜色填充，点与点之间使用背景色填充，从而生成一种点画派作品效果（见图 9-122），因此也被称为"点彩画"滤镜。

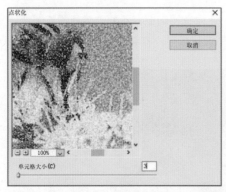

图 9-122

在其参数对话框中，"单元格大小"用于设置彩色小点的大小。其值分别为 20、100、200 时形成的图像效果如图 9-123 所示。

图 9-123

4．"晶格化"滤镜

该滤镜可将图像中颜色相近的像素集中到一个多边形网格中，从而把图像分割成许多个不规则的小色块，产生晶格化效果，也被称为"水晶折射"滤镜，如图 9-124 所示。

5．"马赛克"滤镜

该滤镜可将图像分解成许多规则排列的小方块，实现图像的网格化，每个网格中的像素均使用本网格的平均色填充，从而产生一种马赛克效果，如图 9-125 所示。

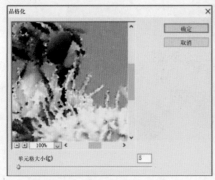

图 9-124

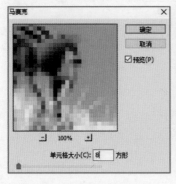

图 9-125

6. "碎片"滤镜

该滤镜可建立 4 个图像副本，并将它们进行移位和平均，产生一种不聚焦、类似于经过振动但未完全破裂的视觉效果。此滤镜不需要设置参数。

执行过"碎片"滤镜后，图像会变得模糊和重影，如图 9-126 所示。

图 9-126

7. "铜版雕刻"滤镜

该滤镜使用点、线条和笔划重新绘制图像，产生带镂刻感的凹版画或金属版画效果，因此也被称为"金属版画"滤镜。其参数和滤镜效果如图 9-127 所示。

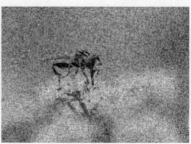

图 9-127

其中各项的含义如下。

- **精细点**：由小方块构成，方块的颜色根据图像颜色生成，具有随机性。
- **中等点**：由小方块构成，但是没有那么精细。
- **粒状点**：由小方块构成，但是由于颜色的不同，因此产生的是那种粒状点。
- **粗网点**：执行该命令后，图像表面会变得很粗糙。
- **短直线**：纹理由水平的线条构成。
- **中长直线**：纹理由水平的线条构成。但是线长稍长一些。
- **长直线**：纹理由水平的线条构成。但是线长会更长一些。
- **短描边**：水平的线条会变得稍短一些，不规则。
- **中长描边**：水平的线条会变得中长一些。
- **长描边**：水平的线条会变得更长一些。

当类型为粗网点、长直线时，滤镜效果如图 9-128 所示。

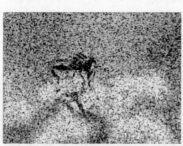

图 9-128

【**实例 9-22**】使用"彩色半调""高斯模糊"滤镜，制作波点效果的数字，如图 9-129 所示。

图 9-129

【**实例 9-23**】使用"晶格化""添加杂色""浮雕化""查找边缘"滤镜，制作裂纹纹理效果，如图 9-130 所示。

图 9-130

【**实例 9-24**】使用"铜版雕刻""极坐标""风""径向模糊"滤镜，制作具有放射光芒的文字效果，如图 9-131 所示。

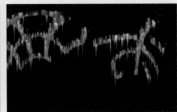

图 9-131

9.2.10　渲染滤镜组

渲染滤镜组可制作三维造型效果和光线照射效果，还可为图像添加特殊的光线，如云彩、镜头折光等效果。

1．"分层云彩"滤镜

该滤镜可将图像与云雾背景相结合，然后反白图像。工作时，会先生成云彩背景，然后用图像像素值减去云彩像素值，最终产生朦胧的效果。此滤镜不必进行参数设置。

"分层云彩"滤镜的最终颜色取决于前景色和背景色的设置。当前景色为白色，背景色为黑色时，滤镜效果如图 9-132 所示；当把前景色改为红色时，滤镜效果如图 9-133 所示。

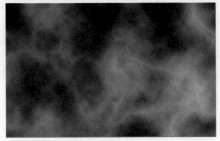

图 9-132

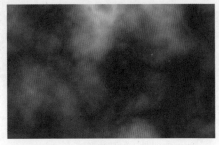

图 9-133

按 Ctrl+F 组合键重复此滤镜，每次执行，云彩效果都会发生变化，如图 9-134 所示。

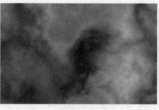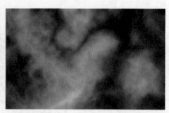

图 9-134

将背景色改为蓝色后，滤镜效果又会发生变化，如图 9-135 所示。

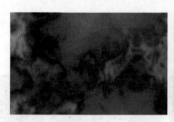

图 9-135

可继续改变颜色，做出更丰富多彩的神奇效果，如图 9-136 所示。

2．"光照效果"滤镜

该滤镜包括 17 种光照风格、3 种光照类型和 4 组光照属性，是 Photoshop 中最复杂的滤镜之一。它可以在 RGB 图像上制作出各种各样的光照效果，也可以加入新的纹理及浮雕效果等，使平面图像产生三维立体的效果。

其参数对话框如图 9-137 所示。

图 9-136

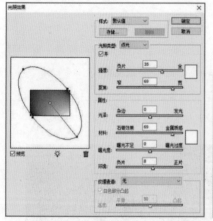

图 9-137

其中各项的含义如下。

■ **样式**：选择一种光照效果样式。还可将制作的光照效果存储为样式，或删除已有的光照效果样式。

- **光照类型**：包含"平行光""点光""全光源"3 种类型，可设置光照的强度和聚集范围。
- **属性**：其中各项的含义如下。
    - **光泽**：调整光的强度。
    - **材料**：调整塑料效果及金属质感。
    - **曝光度**：数值越小，曝光就越不足；数值越大，曝光度就越大。
    - **环境**：调整当前文件图像中光的范围。
- **纹理通道**：调整浮雕样式，也可利用新建 Alpha 通道来选取。
    - **白色部分凸起**：选中它，形成凹陷效果；不选中，则形成凸出效果。
    - **高度**：调整平滑或凸起的程度。

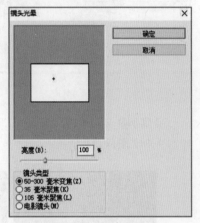

图 9-138

3."镜头光晕"滤镜

该滤镜可模仿明亮光线射入照相机镜头后拍摄到的炫光效果。其参数对话框如图 9-138 所示。

其中各项的含义如下。

- **光晕中心**：拖曳缩略图中的 + 号，指定光的位置。
- **亮度**：调整光的亮度，数值越大，光照射的范围就越大。
- **镜头类型**：包含"50 ～ 300 毫米变焦""35 毫米聚焦""105 毫米聚焦""电影镜头"4 类。

我们分别看原图和 3 种类型的镜头效果图，如图 9-139 所示。

图 9-139

4."纤维"滤镜

该滤镜可根据前景色和背景色绘制类似粗纤维的纹理，其参数对话框和效果如图 9-140 所示。其中，"差异"用来调整纤维的深浅度，"强度"用来调整纤维的密度，"随机化"可产生随机图案。

5."云彩"滤镜

该滤镜是唯一一个能在空白透明层上工作的滤镜，它使用前景色和背景色进行计算，可制作抽象、随机分布的云雾效果，如天空、云彩、烟雾等。此滤镜不必设置参数，云雾的颜色介于前景色和背景色之间，如图 9-141 所示。

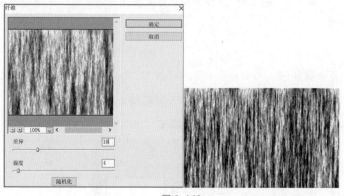

图 9-140   图 9-141

【实例 9-25】使用"云彩""分层云彩""光照效果""添加杂色"滤镜，制作石头纹理，如图 9-142 所示。

图 9-142

【实例 9-26】使用"光照效果""高斯模糊"滤镜，制作立体圆环，如图 9-143 所示。

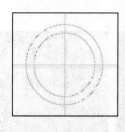

图 9-143

【实例 9-27】使用"镜头光晕""球面化""极坐标"滤镜，制作立体圆环字效果，如图 9-144 所示。

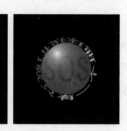

图 9-144

【**实例 9-28**】使用"镜头光晕""球面化""极坐标"滤镜，制作彩虹条效果，如图 9-145 所示。

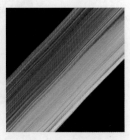

图 9-145

9.2.11　艺术效果滤镜组

艺术效果滤镜组就像一位熟悉各种绘画风格和绘画技巧的艺术大师，可以使一幅平淡的图像变成大师级的力作，且绘画形式不拘一格，可产生油画、水彩画、铅笔画、粉笔画、水粉画等艺术效果。

1．"壁画"滤镜

该滤镜可强烈改变图像的对比度，使图像变暗，使暗调区域的图像轮廓更清晰，最终形成一种类似壁画的效果，如图 9-146 所示。

图 9-146

通常情况下，需要先对图像进行色调调整，再使用该滤镜。在该滤镜参数对话框中，纹理的数值越大，壁画效果就越逼真。

2．"彩色铅笔"滤镜

该滤镜可模拟使用彩色铅笔以一种斜线效果在纯色背景上绘制图像。主要的边缘被保留并带有粗糙的阴影线外观，画面中任何大片的单色区域将变成"纸张"的颜色，如黑白或各种灰色，其他颜色保留，如图 9-147 所示。

3．"粗糙蜡笔"滤镜

该滤镜可产生一种纹理覆盖的艺术效果，使图像具有鲜明的层次感。另外，该滤镜允许用户调用其他文件作为纹理使用，其参数对话框和效果如图 9-148 所示。

图 9-147

图 9-148

注意

　　素描滤镜组中的"炭精笔"滤镜，纹理滤镜组中的"纹理化"滤镜，艺术效果滤镜组中的"粗糙蜡笔"和"底纹效果"滤镜，其参数选项是相同的，这里不再赘述。

4．"底纹效果"滤镜

　　该滤镜能够产生具有纹理的图像，看起来图像好像是从背面画出来的。因此，该滤镜又称为"背面作画"滤镜，其参数对话框和效果如图 9-149 所示。

图 9-149

5．"调色刀"滤镜

该滤镜可组合图像中相近的颜色，使其融合再均分，把图像分解成颜色块，减少细节，产生写意的效果。其参数对话框和效果如图 9-150 所示。

图 9-150

其中，"描边细节"用于对线条整体进行细节处理，"软化度"可把当前图像变得柔软、模糊。

6．"干画笔"滤镜

该滤镜类似于用沾有浓重颜料的笔刷在纸上轻拍，或使用颜料不足的毛笔进行作画，笔迹的边缘断断续续、若有若无，产生一种干枯的油画效果。其参数对话框和效果如图 9-151 所示。

图 9-151

其中，"画笔细节"用于调整画笔的细微细节；"纹理"数值越大，纹理效果就越明显，数值越小，纹理效果就不明显。

7．"海报边缘"滤镜

该滤镜根据相邻像素间的反差，搜索画面中的边缘，简化其层次，然后在边缘处放上黑色线条，使其产生招贴画边缘效果，也有点近似木刻画。该滤镜适用于内容简单的图，一般局部使用，对有天空或建筑物的侧面等大片单色区域的图像来说效果不好。

该滤镜的参数对话框和效果如图 9-152 所示。

图 9-152

其中，"边缘强度"用于设置当前图像海报边缘的高光强度；"海报化"用于为海报边缘做一些柔和度，数值越大，海报边缘越柔和。

8．"海绵"滤镜

模拟在纸张上用粗糙的天然海绵轻轻扑颜料的画法，产生画面浸湿的效果，并能调整图像中局部颜色的深浅和颜色过渡的平滑程度，如图 9-153 所示。

图 9-153

9．"绘画涂抹"滤镜

该滤镜可产生在未干画布上涂抹形成的模糊效果，为图像增加方形或波形的阴影线纹理。其参数对话框和效果如图 9-154 所示。

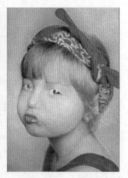

图 9-154

其中，画笔类型包含 6 个选项，"简单"为默认选项，"未处理光照"使图像的光照效果较强，"未处理深色"使图像的所有颜色成为深色，"宽锐化"使图像有一定的锐化效果，"宽模糊"使图像具有模糊效果，"火花"模仿火花质感。

10．"胶片颗粒"滤镜

该滤镜可以为图像增加有趣的纹理和质感，在添加杂色的同时，调亮并强调图像的局部像素。由于深色的斑点容易集中在颜色单一的暗调区域，因此可产生一种类似胶片颗粒的纹理效果，使图像看起来如同早期的摄影作品，如图 9-155 所示。

图 9-155

其中各项的含义如下。

- **颗粒**：调整图像的颗粒，数值越大，颗粒效果越清晰。
- **高光区域**：调整当前图像的高光区域。
- **强度**：调整当前图像颗粒的强度，数值越小，颗粒效果越清晰。

11．"木刻"滤镜

该滤镜可将图像变成彩纸拼贴画或丝网印刷品的效果，它将所有颜色和色阶值平均，把它们转化成很少几个层次，高对比度图像看起来像黑色剪影，而彩色图像看起来像由几层彩纸构成。其参数对话框和效果如图 9-156 所示。

图 9-156

12．"霓虹灯光"滤镜

该滤镜与霓虹灯并无相似之处，而是将图像变成单色的阴图，并在边缘添加白色高光，使图像呈现出一种超现实主义的风格。其参数对话框和效果如图 9-157 所示。

图 9-157

13．"水彩"滤镜

通过"水彩"滤镜，可以描绘出图像中景物的形状，同时简化颜色，进而产生水彩画的效果。该滤镜的缺点是会使图像中的深颜色变得更深，效果比较沉闷，而真正的水彩画特征通常是浅颜色，其参数对话框和效果如图 9-158 所示。

图 9-158

14．"塑料包装"滤镜

该滤镜可产生类似塑料薄膜封包的效果，沿着图像的轮廓线分布，从而使整幅图像具有鲜明的立体质感。该滤镜一般在较小的区域内使用，其参数对话框和效果如图 9-159 所示。

图 9-159

其中，"平滑度"用于将当前文件做的塑料包装效果变得平滑。

15．"涂抹棒"滤镜

该滤镜可产生使用粉笔或蜡笔在图像上涂抹的效果。在颜色较浅的区域可以制作出精细的点状纹理，在暗调区域可以制作出颜色较深的线条，使物体的边缘虚化。其参数对话框和效果如图 9-160 所示。

图 9-160

【**实例 9-29**】通过一张花朵图片，对比各艺术效果滤镜，如图 9-161 所示。

图 9-161

【**实例 9-30**】使用"塑料包装""云彩""铬黄"滤镜，制作棕色的粘土效果，如图 9-162 所示。

 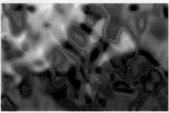 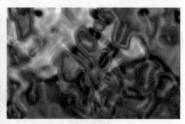

图 9-162

【**实例 9-31**】使用"粗糙蜡笔""彩色铅笔""调色刀""锐化"滤镜，制作蜡笔画，如图 9-163 所示。

图 9-163

【**实例 9-32**】使用"镜头光晕""球面化""极坐标"滤镜，制作漫画人物效果，如图 9-164 所示。

图 9-164

9.2.12　杂色滤镜组

通过杂色滤镜组可为图像添加一些随机产生的干扰颗粒，也就是杂色点或噪声，生成各种纹理或图案；也可以通过消除杂色来去除图片中的噪点。

添加杂色时，一般要选中"单色"选项，生成黑白灰杂点。多数情况下，还需要对各颜色通道设置不同的参数。在通道中进行噪点去除的原因是噪点在不同通道的强度不同，并且消除噪点难免会造成图像模糊，相比在图层中利用滤镜去除噪点（各颜色通道会受到一致的损失）而言，在各个通道中分别按需去除噪点可以减轻图像的模糊程度。

1. "减少杂色"滤镜

该滤镜用于消除图像的瑕疵，如噪点等，其参数对话框如图 9-165 所示。

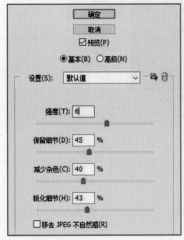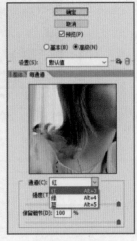

图 9-165

其中各选项的含义如下。

- **强度**：控制减少杂点的多少，数值越大，画面越平滑。

- **保留细节**：数值越小，画面越模糊。

- **减少杂色**：数值越大，杂点越小。

- **锐化细节**：调整锐化细节，数值越大，越失真。

- **移去 JPEG 不自然感**：切换以移去因 JPEG 压缩而产生的不自然块。

- **高级**：对红、绿、蓝 3 个通道设置参数，精确地控制杂点的多少。每个"通道"面板中的参数选项都有"强度"和"保留细节"两项，作用与基本项中的一样。

2. "蒙尘与划痕"滤镜

该滤镜可对图像中的斑点和折痕进行处理，它能寻找图像中的缺陷，然后融入周围的像素以修补缺陷。在处理扫描图片时经常使用该滤镜，其磨皮质感比"高斯模糊"滤镜好，皮肤平滑过渡比"高斯模糊"滤镜要差。

其参数对话框如图 3-166 所示，各项的含义如下。

- **半径**：图像的磨皮程度（即模糊程度），数值越大，越模糊。

- **阈值**：数值越大，边缘的划痕越清晰，会减轻磨皮的力度。

3. "去斑"滤镜

该滤镜寻找图像中颜色对比度最大的区域，然后模糊边缘外的部分。这种模糊可以在去掉杂色的同时保留原有的细节，相当于"锐化边缘"滤镜的反过程。先根据一定的阈值来搜索图像中的边缘，然后忽略这些边缘，并利用"进一步模糊"滤镜来模糊图像中的其余部分。因此也被称为"去除杂质"滤镜。此滤镜不需要进行参数设置。

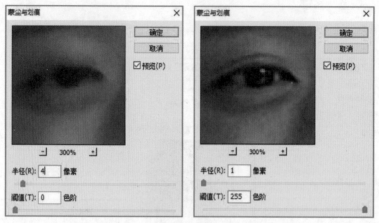

图 9-166

该滤镜执行一次后的效果通常不明显，多执行几次后，其他地方也会变得模糊。所以使用时一般将斑点部分选中，再执行此滤镜，效果如图 9-167 所示。

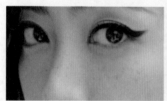

图 9-167

4．"添加杂色"滤镜

该滤镜也被称为"增加噪声"滤镜，它可为图像增加一些细小的像素颗粒或网纹，使图像产生类似电视屏幕上的雪花点效果，如图 9-168 所示。

其中各项的含义如下。

- **数量**：添加杂色的数量。
- **分布**：包含两个选项。"平均分布"指平均分布在每个部分；"高斯分布"指按高斯运算规律分布在每个部分，添加的杂点比平均分布多。
- **单色**：选中该选项后，杂色只存在黑、白两种颜色。

5．"中间值"滤镜

该滤镜也是一种用于去除杂色点的滤镜，可以减少图像中杂色的干扰。工作时，它逐个像素地平均图像中的颜色，取中间值。其参数对话框中只有一个参数，"半径"值越大，图像越模糊、越柔和，如图 9-169 所示。

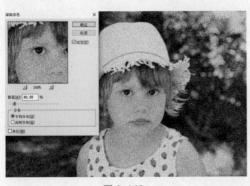
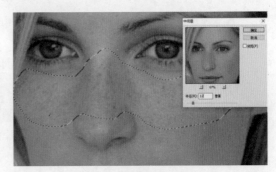

图 9-168   图 9-169

【**实例 9-33**】使用"减少杂色""USM 锐化"滤镜，为照片去除噪点，如图 9-170 所示。

图 9-170

【**实例 9-34**】使用多种滤镜方法进行磨皮，美化人物照片，如图 9-171 所示。

图 9-171

【**实例 9-35**】使用"添加杂色""高斯模糊""动感模糊""波纹"滤镜，为照片添加雨丝，如图 9-172 所示。

图 9-172

9.2.13　其他滤镜组

通过其他滤镜可用来创建自己的滤镜，也可以修饰图像的某些细节部分。

1．"高反差保留"滤镜

该滤镜可锐化图片中的边线，使图片更清晰。其工作原理是将图像中的高对比度区域和低对比度区域分开，删除亮度逐渐变化的部分，保留色彩变化最大的部分，使图像中的阴影消失，突出亮点，在图片上显示出灰色和白色的线条。

该滤镜的参数对话框和效果如图 9-173 所示。其中，半径值越大，磨皮效果就越强。半径值过大，会产生负作用，通常调到 1 就可以。

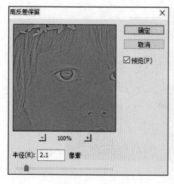

图 9-173

2．"位移"滤镜

该滤镜可按照一定方式和一定方向让图像产生偏移。

在其参数对话框中，"水平"和"垂直"分别用于控制水平或垂直移动图像的方向和距离；"未定义区域"用于设置图像被移动后空出来的地方以什么填充，可以是背景色，也可以重复边缘像素，还可以折回显示移出画布的部分图像，如图 9-174 所示。

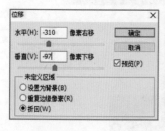

图 9-174

3．"自定"滤镜

该滤镜非常特殊，允许用户自定义各种具有不同效果的滤镜，非常灵活，掌握起来较难，尤其是难于预测滤镜的最终效果。重新计算图像或选择区域中的每一个像素亮度值，与对话框矩阵内数据相乘结果的亮度相加，除以 Scale 值，再与 Offset 值相加，最后得到该像素的亮度值。

其参数对话框和效果如图 9-175 所示。

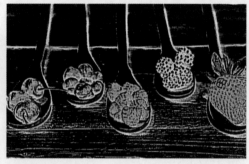

图 9-175

4．"最大值"滤镜

该滤镜用来放大亮区，向外扩展白色区域，并缩减暗区，收缩黑色区域。半径值越大，白色区域就越大。其参数对话框和效果如图 9-176 所示。

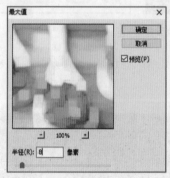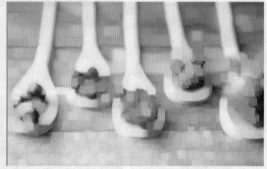

图 9-176

5．"最小值"滤镜

该滤镜用来放大图像中的暗区，向外扩展黑色区域，并缩减亮区，收缩白色区域。半径值越大，黑色区域就越大。其参数对话框和效果如图 9-177 所示。

图 9-177

【实例 9-36】使用"镜头光晕""球面化""极坐标"滤镜，锐化突出花朵，如图 9-178 所示。

图 9-178

【实例 9-37】使用"位移""高斯模糊"滤镜，制作花边字效果，如图 9-179 所示。

图 9-179

【实例 9-38】使用"最大值""高斯模糊""照亮边缘"滤镜，制作建筑物霓虹效果，如图 9-180 所示。

图 9-180

【实例 9-39】使用"最小值""高斯模糊""照亮边缘"滤镜提取线稿，如图 9-181 所示。

图 9-181

9.2.14　Dig marc 水印滤镜

水印滤镜用来保护作者的著作权，利用它可在图像中加入或读取著作权信息。使用该滤镜必须先到生产厂家的网站上申请一个个人使用许可号码，以使在图像中嵌入的水印能得到全球性的保护（作品保护站点：www.digimarc.com）。

1．"读取水印"滤镜

该滤镜主要用来读取图像中的水印，以便区分图像的真伪。应用该滤镜时，系统会自动查找图像的数字水印，若查到水印 ID，则会根据 ID 号通过网络连到 Dig marc 公司查找该作品的相关资料及其他相关信息。

2．"嵌入水印"滤镜

该滤镜通过在作者的图像中加入水印来保护作者的著作权，即当其他用户处理图像时，它们会提醒用户该图像受水印的保护。

9.2.15　智能滤镜

右击图层，在弹出的快捷菜单中选择"转换为智能对象"命令，可将普通图像转换为智能对象，如图 9-182 所示。为智能对象应用滤镜，则智能对象图层下方会出现智能滤镜，如图 9-183 所示。

图 9-182　　　　　　　　　　　图 9-183

智能滤镜可以隐藏，而且它不直接作用于智能图层，是无损和非破坏性的。所谓"无损"，就是不论用户做多少操作，都不会破坏源图，只是在其上增加了修饰物，且这些修饰物可以随时去除或加以调整。除"抽出""液化""图案生成器""消失点"滤镜外，可以为智能滤镜应用任意 Photoshop 滤镜。

在智能对象图层下，对图片有损的操作是无法执行的，如修复工具、仿制图章等。如果必须使用这些功能，可以把智能对象图层"栅格化"，或者盖印一个图层。这里推荐盖印图层的做法，以保留之前的操作。

通过智能滤镜，可反复调整 ACR 导入的 RAW 文件，只要选择导入为智能对象即可。"滤镜"菜单下的所有滤镜，都可以通过智能对象保存无损调整和反复修改，非常方便。右击智能滤镜，在弹出的快捷菜单中选择"编辑智能滤镜混合选项"命令，还可以在"混合选项"对话框中调整滤镜的混合模式和程度，如图 9-184 所示。

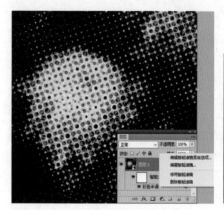
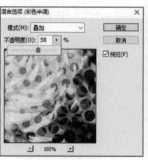

图 9-184

9.2.16　滤镜库

滤镜库是多个滤镜组的合集，这些滤镜组中包含了大量常用滤镜。

早期版本中，一次只能使用一个滤镜，要设计复杂的效果就必须依次执行各个滤镜。Photoshop 2020 中，可以使用滤镜库来同时选择多个滤镜进行操作，如图 9-185 所示。

图 9-185

在"滤镜库"对话框中，左侧是预览窗口，中间是滤镜列表，右侧是滤镜的参数设置区。

- **预览窗口**：查看滤镜应用效果，左下角的按钮和参数框用于缩小 / 放大图像。
- **滤镜列表**：单击滤镜组右侧的三角按钮，在下拉列表中可选择不同的滤镜进行组合。
- **参数设置区**：选择某一滤镜后，右侧将出现参数设置区，在此可快速设定参数。

在多个滤镜的综合作用中，是有顺序区别的。同样两个滤镜，使用的顺序不同，效果也不同。选择某个滤镜后，单击"新建效果图层"按钮，可继续选择其他滤镜，并看到多个滤镜共同作用的效果。单击"删除效果图层"按钮，可删除当前选中的效果图层。

需要注意的是，并非所有滤镜都包含在滤镜库中。如模糊类滤镜就不在其中，需要从"滤镜"菜单中调用。

提示

一些高分辨率的图像应用滤镜时，需要加载很长的时间，这是内存不够的明显体现。可以关闭一些暂时不用的应用，也可以在应用滤镜之前执行"编辑→清理"命令，释放部分内存，还可以在"首选项"对话框中设置 Photoshop 更多的内存使用量。

9.2.17　镜头校正滤镜

镜头校正滤镜是一个独立滤镜，常用于修复镜头瑕疵，如桶形失真、枕形失真、晕影等。其参数对话框和应用效果如图 9-186 所示。

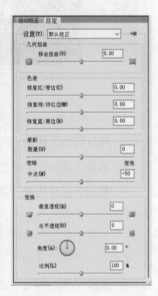

图 9-186

下面将对"镜头校正"对话框中的主要参数进行详细介绍。

- **移去扭曲工具**：在图像中拖曳，可使图像拉直或膨胀。
- **拉直工具**：用于绘制一条线，以将图像拉直到新的横轴或纵轴。
- **移动网格工具**：进行拖曳以对齐网格。

9.2.18　液化滤镜

液化滤镜的作用是扭曲图像，且可以对扭曲强度和范围进行自定义，对于制作变形图像和一些特殊效果十分有效。它属于一种涂鸦工具，经常被用来制作恶作剧，如将某个人物的面部进行各种搞怪处理等。

"液化"与"抽出"同属于一种功能扩展，对话框如图 9-187 所示。

图 9-187

左侧工具面板中，各工具的作用如下。

- **向前变形工具**：拖曳时和涂抹工具类似，使图像产生向前的变形效果。

- **重建工具**：撤销液化效果，持续单击可加倍效果。

- **顺指针旋转扭曲工具**：是将图像呈 S 形扭曲，按住 Alt 键切换为逆时针方向。作用范围以画笔大小为准。在一点上持续按住鼠标将加倍效果。

- **褶皱工具**：使用该工具在图像上拖曳时，将图像从边缘向中心挤压，通俗地说就是缩小，会使图像产生挤压效果。作用范围以画笔大小为准。

- **膨胀工具**：与褶皱工具相反，将图像从中心向四周扩展，通俗地说就是放大。作用范围以画笔大小为准。

- **左推工具**：将一侧图像向另一侧移动，即将画笔范围内的一侧推向另一侧。鼠标移动的方向决定推移的方向。鼠标从上往下移动时，图像从左往右推；鼠标从左往右移动时，图像从下往上推。

- **镜像工具**：将镜像平面一侧的图像复制到另一侧，并互为颠倒。

- **湍流工具**：令图像产生波浪形，在一点上持续按住鼠标，将加倍效果。

- **冻结蒙版工具**：如果希望有些区域不受液化工具影响，可用此将其屏蔽起来。

- **解冻蒙版工具**：解除冻结操作。

- **抓手工具 / 缩放工具**：使用该工具，可以拖曳图像以显现未预览的图像。

右侧的参数设置区中，可设置网格、工具选项、重建选项、蒙版选项和视图选项等。

- **工具选项**：在此可对画笔的大小、密度、压力、速率等进行设置，如图 9-188 所示。

  > **画笔大小**：设置画笔直径，对所有工具有效。

  > **画笔密度**：设置画笔软硬度，对所有工具有效。密度大时，会形成锐利的画笔边缘；密度小时，会形成模糊的画笔边缘。一般将其设置为 50 左右。

  > **画笔压力**：相当于设置画笔的不透明度，默认值为 100。当需要减弱液化滤镜效果时，可在此修正画笔压力。该参数对所有工具有效，包括冻结工具（使用冻结工具时应将其设置为 100）。另外，画笔密度设定会造成边缘部分模糊，等同于压力降低，所以就算是压力 100 的冻结区域，其边缘仍有可能被更改。

  > **画笔速率**：鼠标在某点持续单击时效果的加倍速度，仅对有持续性特点的工具有效。

  > **湍流抖动**：只对湍流工具有效，用于控制其波浪化的程度。

  > **重建模式**：只对重建工具有效。

- **重建选项**：可选择不同的重建模式，如图 9-189 所示。单击"重建"按钮，可逐步撤销。单击"恢复全部"按钮，则会撤销所有操作，相当于按 Alt 键后单击右上角的"取消"按钮。

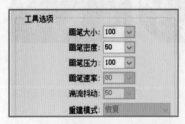

图 9-188

图 9-189

- **蒙版选项**：载入存储的 Alpha 通道并与当前蒙版的运算，如加上、减去、交叉等。还可以通过下方的 3 个按钮控制蒙版，如图 9-190 所示。

- **视图选项**：用于设置是否显示图像、网格、蒙版、背景等，如图 9-191 所示。

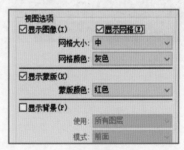

图 9-191

图 9-190

9.2.19　消失点滤镜

使用消失点滤镜可在包含透视平面的选定图像区域内进行透视校正、克隆、喷绘图像等操作，并根据选定区域内的透视关系自动调整，以适配透视关系，使其效果更加逼真。其参数对话框如图 9-192 所示。

图 9-192

此外还可以使用画笔工具涂抹单一颜色。在使用过程中可以放大图像，也可用 Ctrl+Alt+Z 组合键逐步撤销或用 Shift+Ctrl+Z 组合键逐步还原，这只单独针对消失点滤镜内部有效。在 Photoshop 的历史记录中仍将整个消失点滤镜效果算为一步操作。

【实例 9-40】使用"液化""模糊""旋转扭曲"滤镜，制作扭曲时钟效果，如图 9-193 所示。

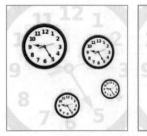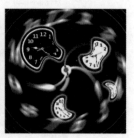

图 9-193

【实例 9-41】使用"消失点""高斯模糊"滤镜，制作客厅壁画效果，如图 9-194 所示。

图 9-194

Ps

第 10 章 —————
动作及批处理

在 Photoshop 软件中，很多操作指令可以通过软件内置命令自动完成。这样，一方面可以提高工作效率；另一方面也能够保证重复的一系列操作指令可以无差错地再现，确保操作的一致性和准确性。

为提高工作效率，Photoshop 软件不仅内置了自动化处理命令，还为用户准备了批处理功能（动作命令），可以快速高效地完成满足条件的文件的批量处理，动作是快捷批处理的基础。

10.1　批量修改图像制作排版图

在图像处理中，经常需要将多个文件同步修改。例如，将多个文件调整为统一尺寸或用相同的方法添加特殊效果等。虽然我们可以逐个处理这些文件，但这样做效率低下，而且大量重复工作很容易出现偏差。为了保证工作效率和一致性，可以使用 Photoshop 软件中的动作命令进行操作。

10.1.1　认识动作

Photoshop 软件的"动作"功能是指在单个文件或一批文件上执行的一系列任务，如菜单命令、面板选项、工具等。简单来说，可以将其理解为一系列操作命令的集合。

用户可以记录、编辑、自定义和批处理动作，也可以使用动作组来管理各组动作。例如，可以创建一个动作，通过设置先更改图像大小，然后为图像添加滤镜，最后保存为所需格式文件。这样一系列操作命令都可以封装在一个特定的"动作"里，当需要时，执行该"动作"，图像（可以是单个文件，也可以是多个文件）将被按照之前的命令顺序依次执行调整大小、添加滤镜和存储文件的命令。

动作可以包含相应步骤，使用户执行无法记录的任务（如使用绘画工具等）；也可以包含模态控制，播放动作时可在对话框中输入值。Photoshop 中已安装了一些预定义动作，用户可使用这些事先"封装"好的指令组合，也可以根据自己的需要对其进行调整，还可以创建新的动作。动作通常以组的形式存储，以便于组织和管理。

先来了解"动作"面板。执行"窗口→动作"命令（或按 Alt+F9 组合键），将打开"动作"面板，如图 10-1 所示。

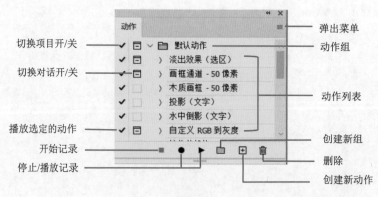

图 10-1

“动作”面板各项说明如下。

- **动作组**：存放多个动作的文件夹，一般用于动作分类整理。
- **动作列表**：用于保存动作及包含的一系列操作命令。
- **切换项目开 / 关**：选项被选中，出现✔图标时，图标对应的动作组、动作或者某条命令可以执行；选项被隐藏，即不选择、不出现✔图标时，图标对应的动作组、动作或者某条命令不能执行。如果某个动作包含一系列命令，某个命令未被选中，则执行该动作时，该命令将被跳过，其他命令仍然依次执行。
- **切换对话开 / 关**：选项被选中，出现⊟图标时，表示图标对应的动作在执行过程中会自动暂停，弹出相应的对话框，用户设置参数后，动作才会继续执行；选项被隐藏，即不选择、不出现⊟图标时，执行该动作不会弹出对话框。
- **弹出菜单**：单击该按钮，将弹出“动作”面板菜单，如图 10-2 所示。在此用户可以切换“动作”面板模式、载入软件预设动作、为动作插入暂停条件等。
- **创建新动作**：单击该按钮，可新建一个动作。
- **创建新组**：单击该按钮，可新建一个用于存放动作的组。
- **删除**：单击该按钮，可以删除当前选中的动作。
- **播放选定的动作**：单击该按钮，可执行选中的动作命令。
- **开始记录**：单击该按钮，开始新的动作命令记录，软件中执行的一系列操作将被依次记录下来，并封装在动作中。
- **停止 / 播放记录**：单击该按钮，可以结束动作播放或动作记录过程。

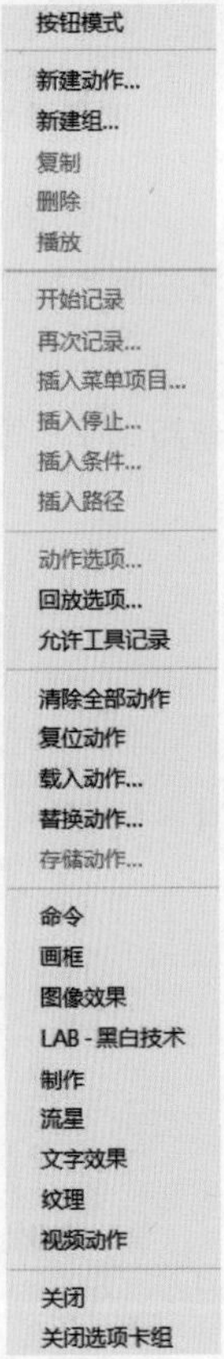

按钮模式
新建动作...
新建组...
复制
删除
播放
开始记录
再次记录...
插入菜单项目...
插入停止...
插入条件...
插入路径
动作选项...
回放选项...
允许工具记录
清除全部动作
复位动作
载入动作...
替换动作...
存储动作...
命令
画框
图像效果
LAB - 黑白技术
制作
流星
文字效果
纹理
视频动作
关闭
关闭选项卡组

图 10-2

提 示

只有开始录制动作后，“停止 / 播放记录”按钮才会被激活。

除了标准模式的“动作”面板外，还可以在该面板弹出菜单中选择“按钮模式”来切换面板样式，如图 10-3 所示。不同的颜色用于区分动作类型，在该模式下，单击对应的按钮即可执行该动作命令。

动作
淡出效果（选区）
画框通道 - 50 像素
木质画框 - 50 像素
投影（文字）
水中倒影（文字）
自定义 RGB 到灰度
熔化的铅块
棕褐色调（图层）

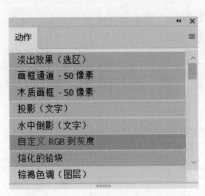

图 10-3

10.1.2 使用"创建新动作"按钮添加"裁剪"命令

（1）执行"文件→打开"命令（或按 Ctrl+O 组合键），选择需要调整的图片，单击"确定"按钮将其打开。

（2）执行"窗口→动作"命令（或按 Alt+F9 组合键），打开"动作"面板，单击下方的"创建新动作"按钮，弹出"新建动作"对话框，如图 10-4 所示。

图 10-4

各项参数的含义如下。

- **名称**：为新建动作命名。

- **组**：为新建动作添加指定分组。

- **功能键**：为新建动作指定功能键，可以选择 F2 ～ F12 中任意键或搭配 Shift 或 Ctrl（对话框中显示为 Control）键。

> **提示**
>
> 在"新建动作"对话框中，只能将动作添加到已有组中，无法直接新建组来存放动作。

> **技巧**
>
> 功能键不能选择 F1，F1 是 Photoshop 默认的"帮助"键，按 F1 键可以打开帮助支持。

- **颜色**：为新建动作指定颜色。该颜色用于动作分类，在标准模式中无法直接显示，可以在按钮模式中以该颜色标准新建动作。

（3）将新建动作命名为"统一裁剪"，将"组"设置为"默认动作"，单击"记录"按钮，开始录制动作。此时"开始记录"按钮处于选中状态，如图 10-5 所示。

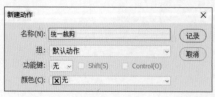 

图 10-5

开始记录动作后，对软件的操作会被自动记录下来，包括修改、删除不合适的操作，因此录制动作前应确保录制的操作都是必要的、有效的。

（4）选择工具箱中的"裁剪工具"，在其属性栏中将"选择预设长宽比或裁剪尺寸"属性设置为"宽 × 高 × 分辨率"选项。并设置裁剪图像的宽度为 800 像素，高度为 600 像素，分辨率为 72 像素 / 英寸，如图 10-6 所示。

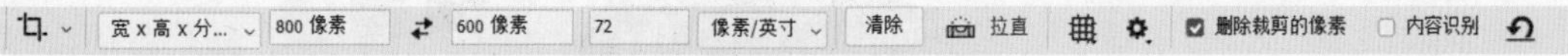

图 10-6

（5）选择裁剪区域的边框，调整裁剪范围，拖曳显示内容，确保画面的主要内容能够显示在裁剪区域内，如图 10-7 所示。

技巧

设置好"选择预设长宽比或裁剪尺寸"的长、宽、分辨率属性后，调整裁剪区域大小不会对裁剪后大小产生影响，只是显示区域内容发生变化。

（6）单击属性栏中的"提交当前裁剪操作"按钮 ✓ 或按 Enter 键确认当前调整，完成裁剪，如图 10-8 所示。

图 10-7

图 10-8

此时刚刚完成的"裁剪"命令已经被记录在"统一裁剪"动作中了，如图 10-9 所示。

图 10-9

10.1.3 为动作添加"滤镜"命令

（1）完成裁剪后，"开始记录"仍处于激活状态，此时的软件操作命令仍然会被记录在"统一裁剪"动作中。执行"滤镜→油画"命令。调整参数，将图像转为油画质感，如图 10-10 所示。完成后单击"确定"按钮。

（2）执行"滤镜→滤镜库"命令，打开"滤镜库"对话框，选择艺术效果滤镜组下的"绘画涂抹"滤镜，调整参数，如图 10-11 所示。完成后单击"确定"按钮。

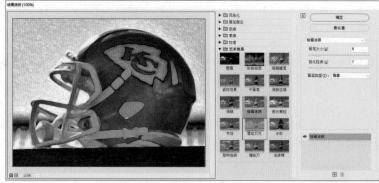

图 10-10   图 10-11

10.1.4　为动作添加"存储"命令

（1）执行"文件→存储"命令（或按 Ctrl+S 组合键），在弹出的"存储为"对话框中选择
文件格式为 JPEG，单击"保存"按钮。

（2）在弹出的"JPEG 选项"对话框中，设置图像品质及优化格式选项，单击"确定"按钮，
完成存储命令的操作，如图 10-12 所示。

至此，调整图像大小、添加滤镜效果、存储等一系列操作完成，并被记录在"统一裁剪"动作中。

（3）完成动作记录后，单击"动作"面板下方的"停止 / 播放记录"按钮，结束动作录制，
如图 10-13 所示。

图 10-12   图 10-13

> 技巧

动作录制完成后，可以双击打开某一条命令，对其进行调整。此时"开始记录"按钮会自动打开，完成修改后，该按钮自动关闭。

10.1.5　认识"自动"命令

Photoshop 软件提供了一些高效的自动化命令，用户可以轻松地对多个文件进行统一处理，极大地提高工作效率，保证文件操作的准确性和一致性。

1．批处理

执行"文件→自动→批处理"命令，打开"批处理"对话框，如图 10-14 所示。设置图像源文件夹、目标文件夹、应用的动作、命名的规则等，确认后软件会批量执行命令。

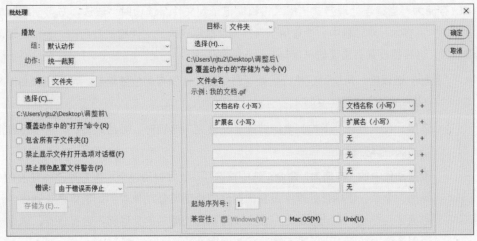

图 10-14

"批处理"对话框中参数的含义如下。

- **"播放"选项区**：用于设定批量执行哪个组中的哪个动作。

- **"源"选项区**：用于设定要用于批处理的文件源信息，可以选择文件来源为"文件夹""导入""打开的文件"和 Bridge。

  > **选择**：当将"源"设置为"文件夹"选项时出现此参数。用来选择源文件所在的文件夹位置信息。

  > **覆盖动作中的"打开"命令**：选中该复选框后，执行批处理过程中会忽略动作包含的"打开"命令，但前提是该动作中已经包含了"打开"命令，否则源文件将不会被打开。选中该复选框时会弹出如图 10-15 所示的提示对话框。

  > **包含所有子文件夹**：选中该复选框后，批处理过程中会同时处理源文件夹及其包含的子文件夹中的图像文件。不选中该复选框则会忽略子文件夹中的图像。

> 批处理
>
> ⓘ 如果启用此选项，则只有通过该动作中的打开文件步骤，才能从源文件夹中打开源文件。如果没有打开文件的步骤，则不打开任何文件。
>
> 确定
>
> ☐ 不再显示

图 10-15

> > **禁止显示文件打开选项对话框**：选中该复选框后，文件打开时不会弹出选项对话框。

> > **禁止颜色配置文件警告**：选中该复选框后，批处理过程中会阻止颜色配置警告信息。

■ **"错误"选项区**：用于设置批处理过程中出现错误时的操作形式，包括"由于错误而停止"和"将错误记录到文件"两个选项。选择"由于错误而停止"选项，当批处理出现错误时，不再继续执行动作命令，暂时停止操作。选择"将错误记录到文件"选项，当批处理出现错误时，动作命令不会被中断，仍会继续执行。但错误信息将根据"存储为"选项设置，保存在特定的文件中。

存储为：当错误处理方式选择"将错误记录到文件"选项时，该选项方可使用。单击后在弹出的"另存为"对话框中，设置用于保存错误信息记录的文件格式及名称。当批处理动作出现错误时，会根据设置将错误信息保存在对应的文件中。

■ **"目标"选项区**：用于设定执行批处理命令后文件保存的位置信息。可以选择文件来源为"无""存储并关闭""文件夹"。

> > **选择**：在"目标"下拉列表中选择"文件夹"选项时，激活该参数。用于设置批处理后文件保存的位置信息。

> > **覆盖动作中的"存储为"命令**：选中该选项后，批处理过程中会忽略动作包含的"存储为"命令，使用批处理中设置的存储属性而不是动作中的。前提是该动作中已经包含了"存储"或"存储为"命令，否则批处理后的文件将不会被保存。选中该选项时会弹出如图 10-16 所示的提示对话框。

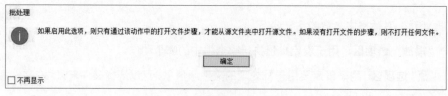

> 批处理
>
> ⓘ 如果启用此选项，则只有通过该动作中的打开文件步骤，才能从源文件夹中打开源文件。如果没有打开文件的步骤，则不打开任何文件。
>
> 确定
>
> ☐ 不再显示

图 10-16

> > **文件命名**：当将"目标"设置为"文件夹"选项时该参数被激活。可以设置批处理后文件的命名规则，包括文件名、编号、扩展名等，还可以为文件设置操作系统平台的兼容性，包括 Windows、Mac OS 和 UNIX[①]。

2．PDF 演示文稿

执行"PDF 演示文稿"命令，通过"PDF 演示文稿"对话框（见图 10-17）的设置，可以

[①] 文中的 UNIX 与图 10-14 中的 Unix 为同一内容，后文不再赘述。

添加多个文档，批量转换为 PDF 格式文件。

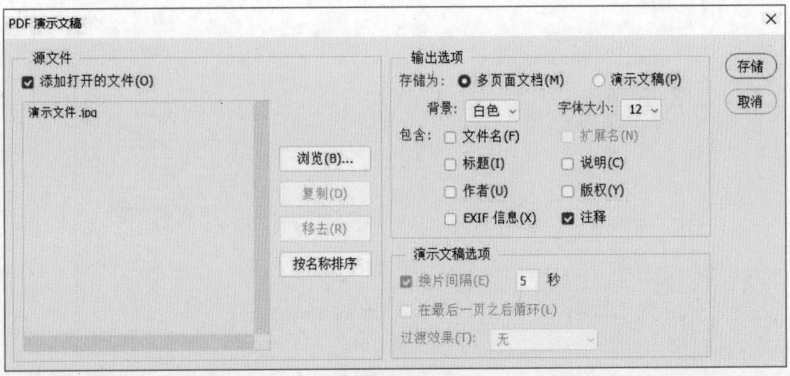

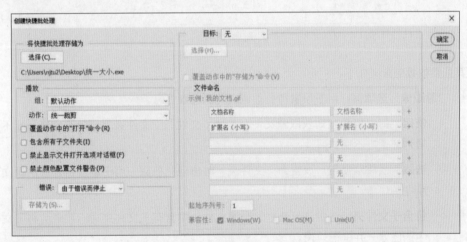

图 10-17

3．创建快捷批处理

执行"创建快捷批处理"命令，打开"创建快捷批处理"对话框，如图 10-18 所示。Photoshop 会在操作系统（以 Windows 为例）中创建一个".exe"命令图标，当需要对文件进行批处理操作时，只需将文件拖曳到该图标上即可。

图 10-18

"创建快捷批处理"对话框中的参数设置与"批处理"命令相似，不再赘述。其中，"将快捷批处理存储为"选项中的"选择"用于设置快捷批处理的位置、名称等信息。

4．裁剪并拉直照片

执行"裁剪并拉直照片"命令，可将混在一起的图像文件自动分成多个单独的图像文件，一般用于扫描仪一次扫描多幅图像，使用该命令可以将图像自动分开为独立文件。

5．联系表 II

执行"联系表 II"命令，打开"联系表 II"对话框，如图 10-19 所示。通过设置可将多个图像文件进行自动拼接。

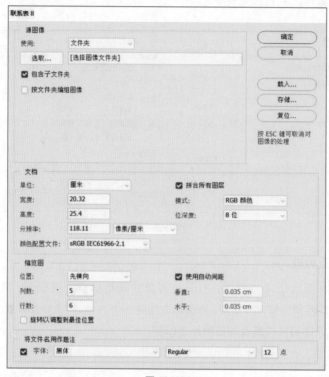

图 10-19

其主要参数的含义如下。

- **"源图像"选项区**：用于设置待处理源文件的位置信息。

  - > **使用**：即以何种方式获取源文件。包括"文件""文件夹""打开文档"。不同选项对应下方不同的属性。

  - > **选取**：当将"使用"设置为"文件夹"时出现此参数，用于设置待处理的源文件夹所在的位置。

  - > **包含子文件夹**：选中该复选框，当源文件夹中含有子文件夹时，系统会将子文件夹中的图像一并进行处理。

  - > **按文件夹编组图像**：选中该复选框，源文件夹中的图像会根据各个子文件夹的分组建立联系表；如不选中，所有图像将建立一个联系表。

- **"文档"选项区**：可设置拼接后的文件大小、分辨率、颜色模式等信息。可以使用"拼合所有图层"复选框控制自动拼接图像后是否合并图层。

- **"缩览图"选项区**：可设置拼接后图像的排版规则，如行数、列数、排图顺序、间距等。

- **"将文件名用作题注"选项区**：选中"字体"复选框后，源图像文件名将作为排列后图片的题注出现在拼接文件中，可以通过属性设置文字字体、字号等属性；不选中该复选框，则拼接后的文件中不会显示源文件名称。

~~~ 技巧 ~~~

联系表可以快速对多个图像文件进行排版，在处理过程中可以使用 Esc 键取消联系表操作。

6．Photomerge

使用 Photomerge 命令可以将多幅图像自动拼接合成为全景图像。执行"文件→自动→ Photomerge"命令，弹出如图 10-20 所示的对话框。在该对话框中选择要合成的图像文件以及合成版面，单击"确定"按钮后，Photoshop 会自动将其拼接为全景图文件。

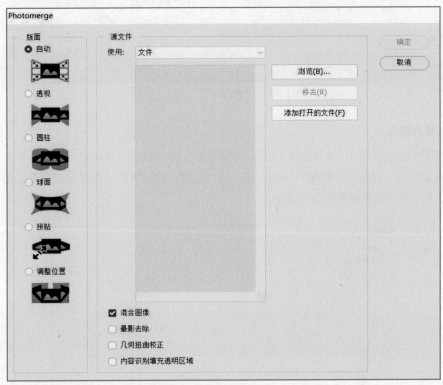

图 10-20

7．合并到 HDR Pro

HDR 是 high dynamic range 的简称，中文含义为"高动态范围"。低动态范围图像基本上是采用 8 位 / 通道计算的，其信息不够丰富、准确，而 HDR 图像一般是采用 32 位 / 通道计算的，能在同样的图像中保留更多的细节和层次，其高光区域、阴影区域都能较好地显示细节和层次，清晰度也较高。

普通数码相机在明暗不均匀或明暗反差较大的环境中无法拍摄出较完美的照片，例如同一个场景中拍摄的数码照片，可能会产生曝光不足，也可能会产生曝光过度、细节不足等多种问题。使用"合并到 HDR Pro"命令可以解决图像曝光不准确等问题。该命令通过将多个文件进行合并计算，生成一个更加合理、细节丰富的新图像文件。执行"合并到 HDR Pro"命令，弹出如图 10-21 所示的对话框。

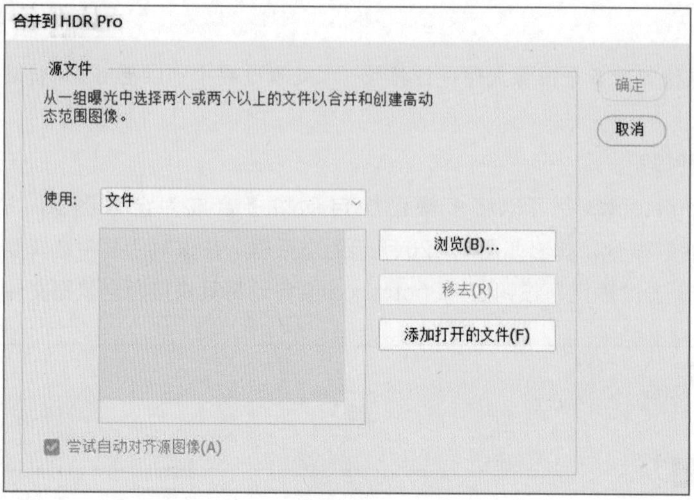

图 10-21

8. 镜头校正

在数码照片的拍摄中，会产生变形、暗角、紫边等问题，执行"文件→自动→镜头校正"命令，弹出"镜头校正"对话框，如图 10-22 所示。通过设置"源文件"，选择镜头校正配置文件以及校正选项可对问题图像进行自动调整。

图 10-22

> **提示**
>
> Photoshop 通过读取数码照片的相机与镜头型号来进行数据匹配和调整，但不是所有图像都能够找到对应的匹配数据。一方面是因为内置的相机、镜头数据有限，不能涵盖所有数码相片；

另一方面，很多图像文件尤其是网络图像没有保存相关信息。这些文件可能需要手动调整。

9．条件模式更改

执行"文件→自动→条件模式更改"命令，弹出"条件模式更改"对话框，如图 10-23 所示。在该对话框中通过设置源文件颜色模式和想要得到的目标颜色模式，单击"确定"按钮后即可自动完成图像的色彩模式转换。

10．限制图像

执行"文件→自动→限制图像"命令，弹出"限制图像"对话框，如图 10-24 所示。在该对话框中通过设置宽度和高度尺寸可以在不改变图像分辨率的情况下调整图像大小。

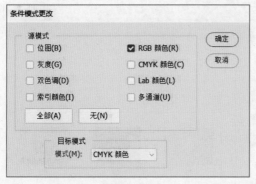

图 10-23

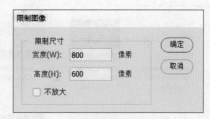

图 10-24

10.1.6　使用"批处理"命令应用动作

（1）执行"文件→自动→批处理"命令，在弹出的"批处理"对话框中设置播放动作组为"默认动作"，设置"动作"为之前录制的新动作"统一裁剪"。

（2）在"批处理"对话框中选择待处理的源文件夹位置，同时选择处理完成后文件存放的目标文件夹位置。

（3）选中"覆盖动作中的'存储为'命令"选项。

（4）将文件命名为"2 位数序号"+"扩展名（小写）"的形式，设置如图 10-25 所示。

（5）单击"确定"按钮，Photoshop 自动将选定的"统一裁剪"动作应用给选定文件夹中的每一幅图像，并将文件保存在指定文件夹中。

执行"批处理"命令后，文件尺寸得到了统一，添加了油画效果，文件名重新得到了规范，如图 10-26 所示。

图 10-25

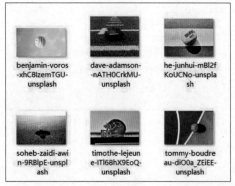

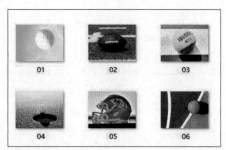

图 10-26

10.1.7　使用预设动作添加照片卡角效果

（1）单击"动作"面板右上角的"弹出菜单"按钮▤，在弹出的菜单中选择"画框"动作组。此时"动作"面板中添加了系统预设的"画框"动作组，如图 10-27 所示。

图 10-27

（2）执行"文件→自动→批处理"命令，在弹出的"批处理"对话框中设置播放动作组为

"画框"，选择"动作"为"照片卡角"。

（3）在"批处理"对话框中选择待处理的源文件夹（即第一次批处理完成后的"调整后"文件夹）位置，同时选择处理完成后文件存放的目标文件夹位置。

（4）确保"覆盖动作中的'存储为'命令"选项为不选中状态。

提示

打开"照片卡角"动作，查看该命令集合发现不包含"存储"命令，因此"覆盖动作中的'存储为'命令"选项不可选中。如果选中该选项，则动作执行后将无法保存文件。

（5）将文件命名为"2 位数序号"+"扩展名（小写）"的形式。

设置好参数的"批处理"对话框，如图 10-28 所示。

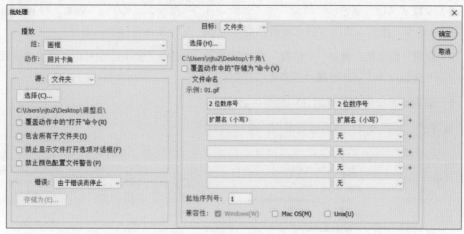

图 10-28

（6）单击"确定"按钮，Photoshop 自动将选定的"照片卡角"动作应用给选定文件夹中的每一幅图像，并将文件保存在指定文件夹中。批处理后，所有图像文件均被添加了卡角效果，如图 10-29 所示。

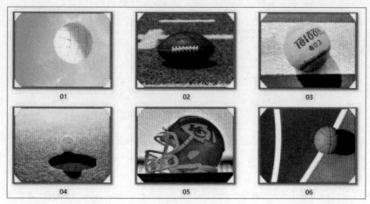

图 10-29

> **提示**
>
> 　　因为"照片卡角"动作中不包含"存储"命令，执行"批处理"时不能选中"覆盖动作中的'存储为'命令"，因此每处理完一个图像文件，就会弹出"另存为"对话框一次，需要用户设置保存图像的格式及位置等参数后，单击"保存"按钮存储处理后的图像文件。

10.1.8　使用"联系表 II"命令自动排列图片

（1）执行"文件→自动→联系表 II"命令，打开"联系表 II"对话框。

（2）设置"源图像"中的"使用"选项为"文件夹"，单击"选取"按钮，选择待拼合图像所在的文件夹位置。

（3）设置"文档"属性："单位"为"像素"，"宽度"为 2400，"高度"为 1200，"分辨率"为 72 像素 / 厘米，选中"拼合所有图层"选项，其他属性保持默认即可。

（4）设置"缩览图"属性："位置"为"先横向"，选中"使用自动间距"选项，设置"列数"为 3，"行数"为 2，其他属性保持默认即可。

（5）取消"将文件名用作题注"的选中状态。

设置好的"联系表 II"对话框如图 10-30 所示。

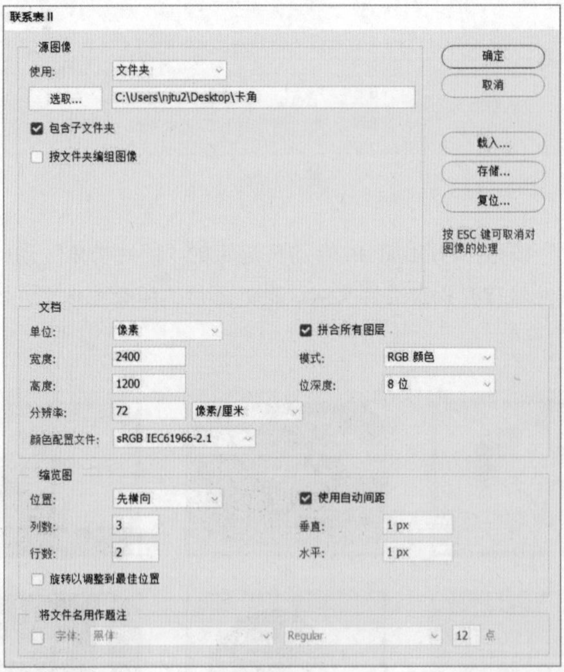

图 10-30

（6）单击"确定"按钮，Photoshop 自动将选定文件夹中的每一幅图像按照参数设置排列在一个新建的 Photoshop 文档中，形成一个图像排版文档，如图 10-31 所示。

图 10-31

（7）执行"文件→存储"命令（或按 Ctrl+S 组合键），将"联系表 II"命令生成的排版文件保存为 JPEG 格式。

至此，我们使用"自动"命令完成了批处理图像功能。将多幅图像快速统一大小、规范命名、修改效果并规范排版。

10.2 为 Premiere 批量生成字幕文本

Photoshop 不仅在图像处理方面有着优秀的表现，还经常辅助 Premiere、After Effect、InDesign、3ds Max 等制作花字素材、蒙版、绘制贴图等。

Premiere 是 Adobe 公司开发的一款视频编辑软件，广泛应用于广告和影视节目制作中，且可与 Adobe 公司推出的其他软件相互协作。制作 Premiere 视频时通常需要添加字幕，最简单的方式是新建字幕并依次输入内容。但如果字幕文字较多，逐条输入字幕的操作就过于烦琐。此时可以使用 Photoshop 的批处理功能批量创建字幕文件，再在 Premiere 中将其作为素材批量导入。

10.2.1 使用 Premiere"导出帧"功能确定字幕样式

使用 Photoshop 建立字幕之前，需要明确该字幕文件应该出现在视频画面的什么位置。因此需要从视频画面中截取一个静帧图像作为参考依据。

（1）启动 Premiere 软件，导入待添加字幕的视频文件素材并将其添加到时间线序列中。

（2）在监视器窗口中单击"导出帧"按钮 [图] （或按 Shift +Ctrl + E 组合键），导出一个单帧画面，将其保存为"静帧 .jpeg"作为参考。

（3）启动 Photoshop 软件，执行"文件→打开"命令（或按 Ctrl+O 组合键）。在弹出的"打开"对话框中，选中刚刚导出的"静帧"图像文件，单击"打开"按钮，在 Photoshop 软件中打开该文件，如图 10-32 所示。

（4）选中工具箱中的"横排文字工具"，参考"静帧"图像，在其合适的位置处创建文本框并输入任意内容的文字。

图 10-32

　　字幕文件每一行文字内容的多少不尽相同，因此绘制文本框应尽量大些。可以绘制同屏宽的文本框，设置文字居中对齐，以免文字多的情况下，出现因文本框小而无法完整显示文字内容的情况。

　　（5）调整文字属性，根据画面设置字体、字号、颜色，并调整位置居中显示，如图 10-33 所示。

图 10-33

　　此处的文字只作为模板，后期会被字幕文字内容替换，因此输入什么文字内容并不重要，重要的是要调整好文字的字体、字号、颜色、位置等属性。

　　字幕中可能存在中文和西文字符，为了避免出现因字体不合适而显示乱码的现象，可以在输入模板文字时加入西文及标点符号，以便预判后期是否会出现问题。

10.2.2　使用"记事本"整理字幕文本

　　在导入文字素材之前，需要对其进行整理和检查。

（1）打开"导入字幕 .txt"素材文件，检查文字内容，确保每行前不出现"空格"。

（2）不要出现过长文字，以免溢出屏幕。

（3）为字幕素材首行添加一个英文字符串，例如"text"，作为字符变量，保存文本文件，如图 10-34 所示。

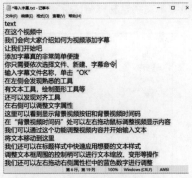

图 10-34

字符变量不能使用中文字符。

10.2.3 使用"变量"命令导入字幕文本

（1）在 Photoshop 中选中文字图层。

（2）执行"图像→变量→定义"命令，如图 10-35 所示。

（3）在弹出的"变量"对话框中，选中"文本替换"选项，并在"名称"栏中设置为之前输入的英文字符变量"text"，如图 10-36 所示。完成设置后，单击"确定"按钮。

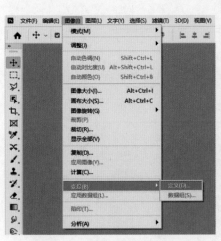

图 10-35

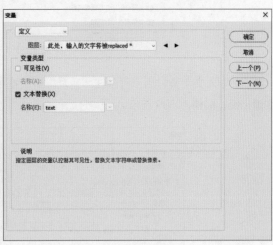

图 10-36

（4）执行"图像→变量→数据组"命令，弹出数据组"变量"对话框。

提示

没有设置变量关联之前，数据组选项为禁用状态，将变量设置后可以使用。

（5）在该对话框中单击"导入"按钮，弹出"导入数据组"对话框，如图 10-37 所示。

（6）在"导入数据组"对话框中单击"选择文件"按钮，在弹出的"载入"对话框中，选中字幕文字素材"导入字幕.txt"文件，单击"载入"按钮。

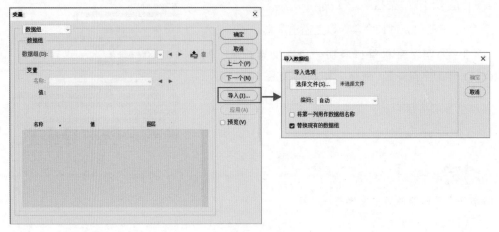

图 10-37

（7）选中"将第一列用作数据组名称"选项，如图 10-38 所示。完成设置后单击"确定"按钮。

图 10-38

（8）导入文字素材后，可以在"变量"对话框中对文字进行逐条预览，确保导入的文字素材准确无误，如图 10-39 所示。

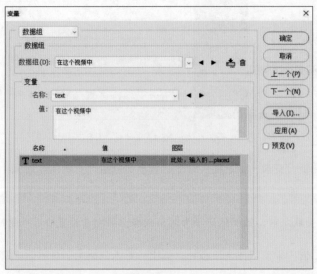

图 10-39

提示

txt 文件编码方式主要有 "ANSI" "UTF-16LE" "UTF-16BE" "UTF-8" "带有 BOM 的 UTF-8" 等格式，不同编码格式对 txt 文本字符导入会产生不同的影响。如果导入后文字出现乱码，则可以尝试通过更换文本文件编码格式来解决。

（9）检查无误后，单击 "确定" 按钮，完成素材与文字图层的匹配。至此文字素材的文本内容已经与 Photoshop 文字图层中的模板链接匹配成功。

10.2.4　使用 "数据组作为文件" 命令批量导出字幕文件

（1）在 Photoshop 软件中，选中 "背景" 图层。单击 "图层" 面板中的 "删除图层" 按钮，删除背景图像，只保留文字模板所在的图层，如图 10-40 所示。

图 10-40

提示

背景图像是前期字幕文字对齐的参考，导出文字素材并不需要该图像，必须删除它，只保留文字图层即可，否则导出的每一个文字素材都将包含该图像内容，导致字幕无法使用。

（2）执行 "文件→导出→数据组作为文件" 命令，弹出 "将数据组作为文件导出" 对话框，如图 10-41 所示。

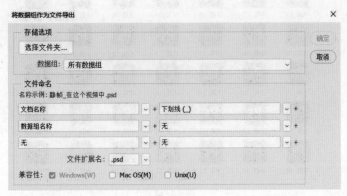

图 10-41

（3）单击"选择文件夹"按钮，在弹出的"选择导出目标文件夹"对话框中选择导出后的字幕文件所在的文件夹位置及名称。选定后单击"选择文件夹"按钮。

（4）在"文件命名"选项中设置导出后的文件命名规则，结果参考"名称示例"中的样例。本例中将文件命名规则定为"字幕"＋"_"＋"2位数组编号"，如图10-42所示。

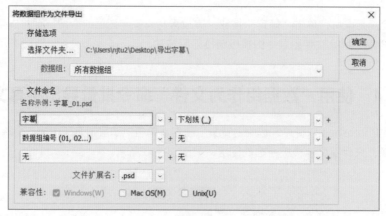

图 10-42

（5）设置完成后单击"确定"按钮，Photoshop 软件会自动用关联好的文本素材逐条替换文本模板中的文字，套用该模板文字的字体、字号、大小、颜色、位置等属性。在逐条导出的过程中可以看到图10-43所示的"进程"对话框，如果想终止批量导出任务，可以单击该对话框中的"取消"按钮。

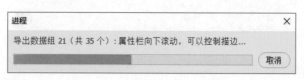

图 10-43

（6）数据组导出任务结束后，"进程"对话框消失。此时 Photoshop 将关联好的文本数据批量套用模板文字属性，并按照事先设定好的文件命名规则将文字记录逐条导出至指定输出文件夹中，保存为"*.psd"格式，如图10-44所示。

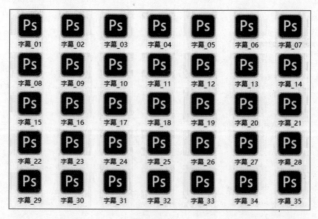

图 10-44

至此，我们使用 Photoshop 软件的批处理功能，通过"导出→数据组作为文件"命令，成功将文本文档中的文字素材批量转换为独立（一行文字一个文档）的"*.psd"文件。

10.2.5　在 Premiere 中导入"*.psd"格式字幕

（1）在 Premiere 软件项目面板的资源区中右击，在弹出的快捷菜单中执行"导入"命令，弹出"导入"对话框，如图 10-45 所示。

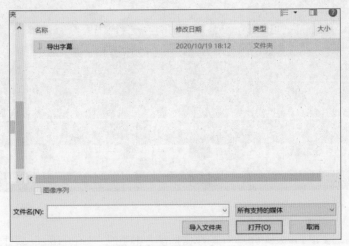

图 10-45

（2）选择"导出字幕"文件夹，单击对话框下方的"导入文件夹"按钮，可将文件夹中的所有文件同时导入 Premiere 中，此时可以看到"导入文件"进度条。

（3）导入"*.psd"格式文件可以选择导入"各个图层""序列"（可选的多个图层）、"合并的图层"以及"合并所有图层"（将所有图层合并作为一个素材进行导入）。选择好之后单击"确定"按钮，如图 10-46 所示。该字幕素材即被导入 Premiere 软件中。

（4）导入全部字幕素材后，选择对应的字幕文件，将其拖曳到 Premiere 软件时间线序列中对应的位置处，如图 10-47 所示。

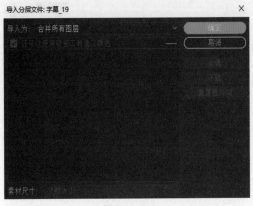

图 10-46

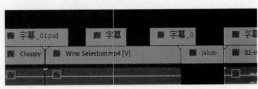

图 10-47

（5）重复步骤（4），完成所有字幕的添加，视频字幕效果如图 10-48 所示。

图 10-48

至此，成功地使用 Photoshop 软件的数据批量导出功能，与 Premiere 软件互相配合，完成了为视频添加字幕的工作。

Ps

第 11 章

网络图像处理

网络图像需要在网络环境中进行传输，当文件较大时，虽然清晰度能得到有效保证，但因其数据量大，传输速度会很慢。因此在进行网络图像处理时，要在保证图像质量的同时，尽量减小图像文件的大小。

常用的图像格式主要有 BMP、JPG、GIF、PNG 等。

BMP 是 Windows 下的标准图像格式，兼容性好，能够被多种 Windows 应用程序所支持。BMP 格式以像素点的形式保存图像信息，数据较多，相对较大。

JPG 格式是最常用的一种，它采用特定压缩算法以去除冗余的图像和彩色信息，能够将数据信息有效压缩并存储在很小的空间内，比同质量的 BMP 文件要小很多。JPG 格式压缩过程中会造成一定损伤，属于有损压缩。

GIF 格式可以将数据进行无损压缩，不损伤图像信息，且文件尺寸较小。GIF 支持透明背景，JPG 不支持透明背景，因此 GIF 保存为 JPG 后透明背景会自动填充颜色。除此以外，一个 GIF 格式文件可以保存多幅图像信息，并能将这些图像依次显示出来，构成简单的动画，这是其他格式无法媲美的。但 GIF 支持的色彩位数较少，远没有 JPG 丰富。因此，GIF 更适合于线条、图标等简单的图像或动画，而 JPG 更多用于内容丰富的单幅图像的呈现，如照片。

20 世纪 90 年代，PNG 成为国际网络联盟认可标准，大部分绘图软件和浏览器开始支持PNG 图像。该格式也采用特定的无损压缩方法，并汲取了 JPG 和 GIF 两种格式的优点。不仅能把图像尽可能地无损压缩到最小，同时又能保证图像质量。PNG 格式图像同样支持透明背景，网络传输下载速度很快，但它不支持动画应用效果。

除 BMP 格式外，其他 3 种格式都可用于网络传输。

11.1 网络相片处理

我们在网站中注册账号时，通常会被要求上传用户照片或头像。有的网站会将用户上传的本地图片进行后台转换处理，然后嵌入网页中使用；也有的网站会直接给出图像的限制要求（如图像格式、分辨率、大小尺寸等），由用户自行处理后再上传。普通图像大多不满足这个要求，需要使用 Photoshop 加工处理后才能上传使用。

11.1.1 认识"存储为 Web 所用格式（旧版）"命令

当需要对现有图像文件进行优化处理时，可以使用 Photoshop 软件内置的"存储为 Web 所用格式（旧版）"命令进行图像格式、颜色空间、大小等内容的调整和优化。

执行"文件→导出→存储为 Web 所用格式（旧版）"命令（或按 Shift+Alt+Ctrl+S 组合键），弹出"存储为 Web 所用格式（100%）"对话框，如图 11-1 所示。

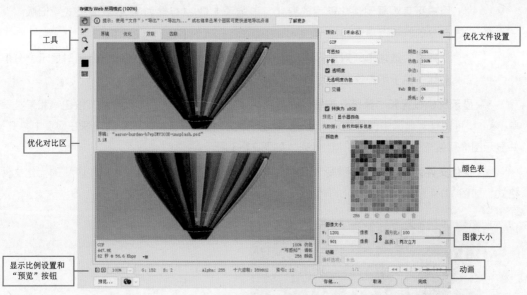

图 11-1

其中各项功能如下。

- **工具：** 提供了图像优化中可能会用到的常用工具，如抓手工具、切片选择工具、缩放工具、吸管工具以及吸管颜色和切换切片可见性按钮。

- **优化对比区：** 优化对比区域提供了"原稿""优化""双联""四联"4 个选项卡。

  > **"原稿"选项卡：** 对比区只显示原图像内容信息，如名称、文档存储空间大小。

  > **"优化"选项卡：** 对比区只显示优化后图像的内容信息，如优化后的图像文件类型、文档存储空间大小、大小 / 下载时间等信息，如图 11-2 所示。

图 11-2

  > **"双联"选项卡：** 对比区将原图像和优化后图像的内容信息同时显示、分屏对比，

用户可直观看到优化前后的变化。该选项卡是"存储为 Web 所用格式（旧版）"命令的默认选项卡。

> **"四联"选项卡**：对比区将原图像和优化后的 3 种不同格式的图像同时显示，分屏对比，便于用户快速决定最佳优化方案。

■ **显示比例设置和"预览"按钮**：在对比区下方，通过调整"缩放级别"按钮 ⊟⊞ 和下拉菜单 <u>50%</u> ，可调整对比区中图像的显示比例。单击"预览"按钮，可将优化后的图像在网页中打开，并显示图像属性信息及有关的 HTML 代码，如图 11-3 所示。

■ **优化文件设置**：通过"预设"下拉列表，可以快速选择 Photoshop 软件内置的优化文件格式，如图 11-4 所示。

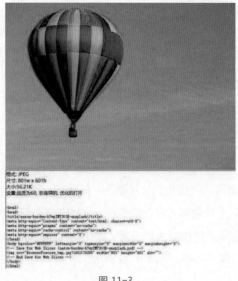

图 11-3

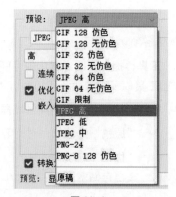

图 11-4

用户也可以自行设置文件格式和优化参数。选择某种图像格式后，在下方设置对应的参数。图 11-5 为 3 种常见文件格式的设置选项。

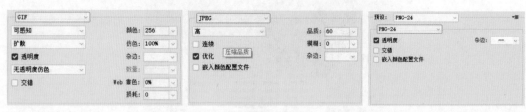

图 11-5

通过不同格式优化选项的设置，可以对图像品质、大小、颜色等属性进行调整，以达到图像效果和图像大小之间的最佳平衡状态。

■ **颜色表**：当将优化格式设置为 GIF、PNG-8 及 WBMP 格式时，颜色表可用，通过对颜色表的设置，能对图像颜色进行进一步的管理，颜色表如图 11-6 所示。

> **调板中的颜色数目**：显示数字为颜色表调板中颜色的总数。

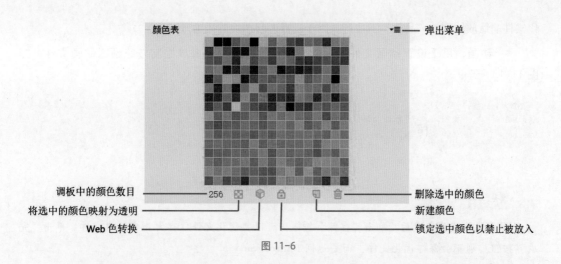

图 11-6

> **将选中的颜色映射为透明:** 在颜色表调板中，选中某种颜色后，单击该按钮，被选中的颜色将被设置为透明。

> **Web 色转换:** 单击该按钮，可以将颜色表中选中的颜色转换为 Web 使用的安全颜色。转换后颜色图标发生变化，如图 11-7 所示。同理，也可以将 Web 使用的颜色转换为颜色表调板颜色。

> **锁定选中颜色以禁止被放入:** 单击该按钮，在颜色表中选中的颜色会被锁定，如图 11-8 所示。

图 11-7   图 11-8

> **新建颜色:** 单击该按钮，可以在颜色表调板中添加新颜色，添加后的新颜色默认为锁定状态。

> **删除选中的颜色:** 单击该按钮，可以将选中的颜色进行删除。

⸺ 技巧 ⸺

选中锁定的颜色，再次单击"锁定选中颜色以禁止被放入"按钮，可解锁颜色。

⸺ 技巧 ⸺

将颜色表调板中的颜色拖曳到"删除选中的颜色"按钮处松开鼠标，也可以将该颜色删除。

■ **图像大小:** 用来对优化文件的大小进行进一步调整，如图 11-9 所示。其中，W 和 H 分别用于调整优化图像的宽度和高度，可以等比例调整，也可以单独调整；"百分比"用于设置优化文件的缩放比例;"品质"下拉列表用于设置调整图片的插值方法。

■ **动画:**用于设置动画文件的播放方式,也可以通过播放控制按钮预览动画文件,如图 11-10 所示。

| 图 11-9 | 图 11-10 |

提示

图片优化设置完成后,单击"存储"按钮,可以将优化文件保存为指定格式文件。单击"完成"按钮,则不会保存优化文件,而是返回 Photoshop。

11.1.2 使用"存储为 Web 所用格式(旧版)"命令优化图像

在网络中使用图像时,经常需要按照指定要求对图像进行调整,包括图像内容、大小、尺寸等。本例以某网站上传用户头像为例,使用 Photoshop 软件对图像进行优化处理。

(1)根据网络要求,确认图像优化目标。具体内容为 .jpg 格式,宽度为 358 像素,高度为 441 像素,文件不小于 9KB,不大于 20KB,如图 11-11 所示。

(2)在操作系统中选中"头像"素材文件,右击,在弹出的快捷菜单中选择"属性"命令,打开"头像 属性"对话框。选择"详细信息"选项卡,在"图像"和"文件"属性中可以查看文件是否符合网络照片的上传要求,如图 11-12 所示。

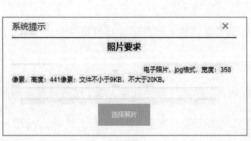

图 11-11

图 11-12

根据图片详细信息，该图像宽 2870 像素，高 4305 像素，分辨率为 72dpi，.jpg 格式，大小为 2.34MB，不符合网络的上传要求，需要进行优化。

（3）启动 Photoshop 软件。执行"文件→打开"命令（或按 Ctrl+O 组合键），在弹出的"打开"对话框中，选择"头像"文件，单击"打开"按钮，打开图像素材。

技巧

执行"窗口→信息"命令，可以在"信息"面板中查看图像的颜色值和文档尺寸信息。

提示

在状态栏中也可以显示图像的宽度、高度、分辨率等信息，但默认只显示"文档尺寸"信息。单击右侧按钮 〉，在弹出的菜单中选择"文档尺寸"，状态栏信息将显示文档大小，如图 11-13 所示。注意，该文档大小不是图像本身的大小，而是打开文件后当前 Photoshop 文档的大小。

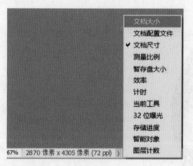

图 11-13

（4）选择"裁剪工具"，在其属性栏中设置预设属性为"长 × 宽 × 分辨率"，裁剪的宽度为 358 像素，高度为 441 像素，如图 11-14 所示。完成属性设置后，调整裁剪区域，使头像出现在裁剪区域的合适位置处，单击"提交当前裁剪操作"按钮☑。此时图像按照规定的宽度和高度被裁剪完成。

图 11-14

（5）执行"文件→导出→存储为 Web 所用格式（旧版）"命令（或按 Shift+Alt+Ctrl+S 组合键），在弹出的"存储为 Web 所用格式"对话框中，选择"双联"选项卡，并将优化的文件格式设置为 JPEG。

〰️ 技巧 〰️

虽然在"存储为 Web 所用格式"对话框中，修改"图像大小"选项区域参数可以调整图片的宽度和高度，但不建议优先使用该方法调整尺寸，因为当调整的目标尺寸和原图像尺寸比例不一致时，强行修改会导致图像产生变形。

（6）在"双联"选项卡中观察优化后的图像信息发现，此时的图像大小为 32.34KB，如图 11-15 所示。但目标优化图像要求"文件不小于 9KB，不大于 20KB"，因此目前图像还不符合要求，需进一步优化调整。

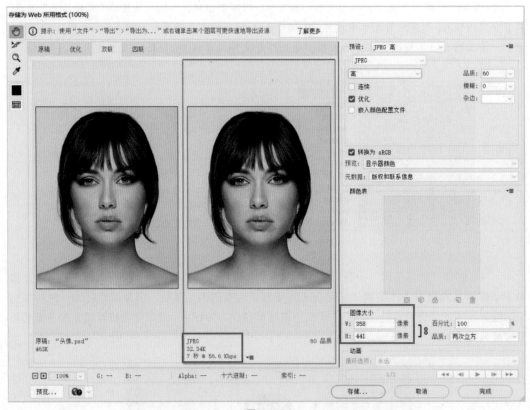

图 11-15

（7）单击"压缩品质"属性，在下拉菜单中选择不同的压缩比，观察图像大小的变化，直到符合要求为止。如果仍然不能满足要求，则可以尝试调整"品质"属性，该属性可以理解为压缩图片的程度，数值越小，压缩比例越高，图像就越小。

这里将"压缩品质"选为"中"，图像大小变为 15.86KB，可以满足目标要求。

11.1.3　将优化后的图片存为网页所用格式

（1）图片优化后，单击下方的"存储"按钮，将打开"将优化结果存储为"对话框，设置优化图像文件的保存位置及文件名称后，单击"保存"按钮。

（2）在文件夹中选中优化后头像，右击，在弹出的快捷菜单中选择"属性"命令，打开"属性"对话框。选择"详细信息"选项卡，在"图像"和"文件"属性中可以查看文件是否符合网络照片的上传要求。

> **技巧**
>
> 在操作系统中，将鼠标移动并悬停在图像文件上方，会弹出图像文件相关信息，如图 11-16 所示。

图 11-16

11.2　制作网络九宫格素材

图像优化后，可以作为网页制作素材使用。但因为页面结构划分问题，图像经常需要被分割使用。在 Photoshop 软件中，可以使用"切片工具"对图像进行分割。

无论是网站标签页、微信公众号还是手机 App，我们经常可以看到九宫格布局。本节将通过制作九宫格界面素材，学习如何生成较小的网络图片，为网页制作提供有效素材。

九宫格素材有的是由 9 幅不同的图像组成，有的是将同一幅图像分为 9 个碎片拼接而成。9 幅图像的拼接效果可以通过 Photoshop 的"联系表"功能实现（详见第 10 章），而将同一幅图像划分成 9 个等分碎片则可以使用 Photoshop 的切片划分来实现。

11.2.1　认识切片工具

创建切片操作，可以将同一幅图像切割成多个碎片，每个碎片称为一个"切片"。因为切片的存在，原图像变成若干个部分，每个部分都可以单独进行优化处理，可以赋予图像更多的操作可能。

图 11-17

1．创建切片

创建切片的方法很简单，选择"切片工具"，在图像中单击并拖曳，形成一个矩形区域。划分区域后，该区域图像将自动转换为一个切片，如图 11-17 示。

> **技巧**
>
> "切片工具"在裁剪工具组中，可以通过右击裁剪工具图标，或单击，等待弹出工具组选项菜单，选择组中其他工具。

> **技巧**
>
> 使用"切片工具"划分图像后，可以直接拖曳切片区域修改切片位置，或调整切片边框，修改切片大小。

手动创建切片的同时，Photoshop 软件会根据该切片的划分结果，将图像其余部分自动分割，生成多个自动切片。所有的切片软件默认以 2 位数字编号命名。自动切片默认为隐藏状态，但仍然要为其命名，因此用户切片编号存在不从"01"开始的可能。

选择"切片工具"后，属性栏如图 11-18 所示。

图 11-18

其中各项含义如下。

- **切片工具预设**：单击右侧箭头，在弹出的"工具预设"面板中可以选择系统内置、用户保存或外部导入的切片工具预设。
- **样式**：用来设置创建切片的方法，包括"正常""固定长宽比""固定大小"。在下拉列表中选中对应的切片方法后，"宽度""高度"属性根据选中的工具变为可用或禁用状态。使用方法与"裁剪工具"相似。
- **宽度**：用来指定切片的宽度值或宽度比例。
- **高度**：用来指定切片的高度值或高度比例。
- **基于参考线的切片**：当图像文件中存在参考线时，该选项被激活，单击后 Photoshop 会按照参考线布局，将图像自动划分为多个切片。

2．编辑切片

使用"切片选择工具"可以对已经创建的切片进行调整，对应的属性栏如图 11-19 所示。

图 11-19

其中各选项的含义如下。

- **"切片选择工具预设"下拉列表** ✐ ：单击右侧箭头，在弹出的"工具预设"面板中可以选择系统内置、用户保存或外部导入的切片选择工具预设。
- **切片顺序按钮组**：包含"置为顶层""前移一层""后移一层""置为底层"4 个按钮。通过单击对应的按钮，可以调整切片层级顺序。
- **"提升"按钮**：用于将系统划分的自动切片转换为用户切片，单击该按钮后，选中的自动切片将被转换为用户切片，如图 11-20 所示。选中自动切片时，该按钮激活，否则为灰色禁用状态。

用户切片名称背景为蓝色，自动切片名称背景为灰色，通过颜色可以快速、直观地判断切片性质。

- **"划分"按钮**：可将选定的切片进一步划分，划分前选择的切片可以是自动切片，也可以是用户切片，划分后成为用户切片。单击后会弹出"划分切片"对话框，如图 11-21 所示。

图 11-20   图 11-21

> **水平划分为**：选中该复选框时，将选中切片横向划分。划分方法可以选择按照数量划分，也可以选择按照大小划分，图 11-22 显示了将切片分别按照数量和大小划分的效果。

图 11-22

> **垂直划分为**：选中该复选框将选中切片纵向划分。划分方法可以选择按照数量划分，也可以选择按照大小划分。

技巧

按大小划分有时很难使切片等分。可以先选择数量划分，大小数值也会跟着发生改变，再切换到大小划分，参考这个数值进行微调。

> **预览**：是否在图像中预览切片划分效果。选中则显示预览效果，否则不显示。

- **对齐选项组** ▭▭▭ ▭ ▭：选中两个及以上切片时对齐选项区被激活，可以单击对应的按钮对齐选中的切片。

- **分布选项组** ▭▭▭ ▭ ▭：选中两个及以上切片时分布选项区被激活，可以单击对应的按钮调整选中切片的分布方式。

- **显示 / 隐藏自动切片**：单击该按钮，可以显示 / 隐藏 Photoshop 软件自动切片及其名称，如图 11-23 所示。

图 11-23

提示

当自动切片隐藏时，按钮显示为"显示自动切片"；当自动切片显示时，按钮显示为"隐藏自动切片"。

- **为当前切片设置选项**：单击该按钮，弹出"切片选项"对话框，可以设置选中切片的相关属性信息，如图 11-24 所示。

图 11-24

> **切片类型：** 从下拉列表中选择输出切片的类型，包括"无图像""图像""表"。

> **名称：** 当前选中的切片名称，可通过该属性对名称进行修改。

> **URL：** 在网页中单击该切片时调用的链接网址，通过设置该参数，可以实现单击切片跳转到对应网址的功能。

> **目标：** 打开网页的方式，包括"_blank"（即新窗口打开）、"_self"（即当前窗口打开）、"_top"（即顶层窗口）、"_parent"（即父级窗口）和"自定义"（即框架）。当所指向的名称框架不存在时，"自定义"作用和"_blank"相同。

> **信息文本：** 当鼠标移动到网页中对应的切片上时，该属性内设置的文本内容将出现在网页浏览器的状态栏中。

> **Alt 标记：** 当鼠标移动到网页中对应的切片上时，将弹出该属性内设置的文本内容。如果网页不显示切片图像，则切片原位置处将显示该属性内设置的文本内容。

> **尺寸：** "X"和"Y"表示当前选中切片的坐标，"W"和"H"表示当前选中切片的宽度和高度。

> **切片背景类型：** 该属性可以设置切片背景在网页中以何种类型显示，下拉列表中包括"无""杂边""白色""黑色""其他"。当选择"其他"选项时，可以在弹出的切片背景颜色拾色器中设置切片背景的颜色。

11.2.2　使用"动作"命令制作素材文件

（1）执行"文件→打开"命令（或按 Ctrl+O 组合键），在弹出的对话框中选择素材文件，单击"打开"按钮，打开素材。

（2）执行"窗口→动作"命令（或按 Alt+F9 组合键），打开"动作"面板。

（3）单击"动作"面板下方的"创建新动作"按钮，在弹出的对话框中输入动作名称为"9宫格裁剪"。

（4）选择"裁剪工具"，在属性栏中设置裁剪图像的宽度和高度均为 400 像素，分辨率为72 像素 / 英寸，如图 11-25 所示。

（5）执行"文件→存储为"（或按 Shift+Ctrl+S 组合键）命令，在弹出的"另存为"对话框中，选择文件保存类型为 JPEG，选择位置和名称，单击"保存"按钮。

（6）在弹出的"JPEG 选项"对话框中，选择图像品质和格式选项后，单击"确定"按钮，完成保存，如图 11-26 所示。

（7）单击"动作"面板下方的"停止 / 播放记录"按钮，完成裁剪动作的创建。

（8）执行"文件→自动→批处理"命令，在弹出的"批处理"对话框中，选择"9 宫格裁剪"动作，设置源素材文件夹位置、目标文件夹位置以及文件命名规则等属性，如图 11-27 所示。

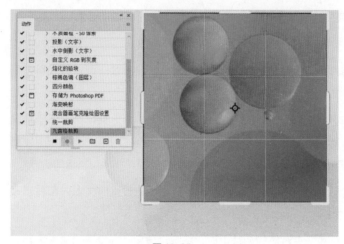

图 11-25

图 11-26

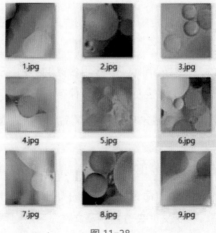

图 11-27

（9）使用 Photoshop 软件的批处理功能完成素材的统一裁剪，如图 11-28 所示。

1.jpg　　2.jpg　　3.jpg

4.jpg　　5.jpg　　6.jpg

7.jpg　　8.jpg　　9.jpg

图 11-28

11.2.3 使用"切片选择工具"制作网络图像素材

虽然经过裁剪的素材图像有 9 幅，但作为网络图像使用，文件还需要进一步优化。我们可以逐个对图像进行优化操作，但为了提高工作效率，我们采用 Photoshop 软件的批处理功能将 9 幅图像快速拼合，再统一进行切割、优化。

（1）执行"文件→自动→联系表 II"命令，打开"联系表 II"对话框。单击"选取"按钮，选择裁剪好的 9 宫格图像素材所在文件夹；设置"文档"选项区的宽度、高度均为 1200 像素，分辨率为 72 像素 / 英寸，并选中"拼合所有图层"选项；设置"缩览图"选项区的列数、行数均为 3，取消选中"使用自动间距"选项，设置垂直 / 水平间距均为 20 像素，如图 11-29 所示。

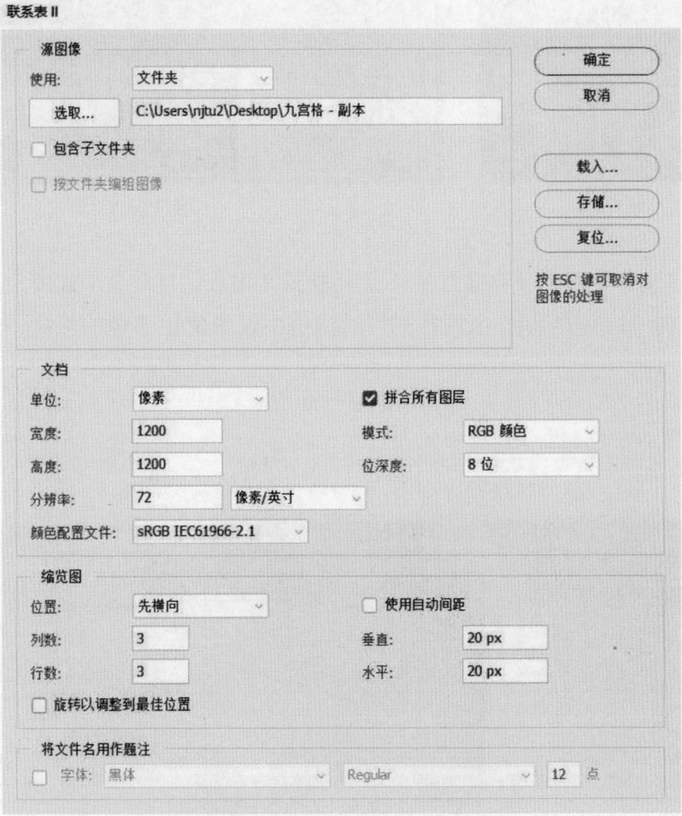

图 11-29

（2）完成参数设置后，单击"确定"按钮。Photoshop 会根据设置的参数将之前裁剪好的 9 幅图像素材自动拼合为一幅九宫图，如图 11-30 所示。

（3）选择工具箱中的"切片选择工具"，单击选中图像，此时"切片选择工具"属性栏中的"划分"按钮由禁用转为可用状态。

（4）单击"划分"按钮，在弹出的"划分切片"对话框中，分别选中"水平划分为"和"垂直划分为"选项，并设置水平划分数量和垂直划分数量均为 3，如图 11-31 所示。单击"确定"按钮，图像将被划分为 9 个大小相同的切片。

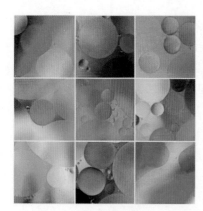

图 11-30

图 11-31

（5）执行"文件→导出→存储为 Web 所用格式（旧版）"命令（或按 Shift+Alt+Ctrl+S 组合键），在弹出的"存储为 Web 所用格式"对话框中设置优化图像的格式、大小等属性，如图 11-32 所示。

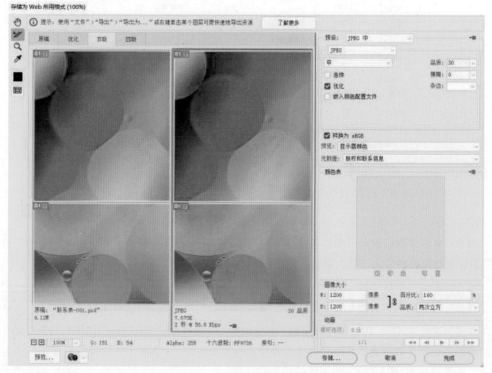

图 11-32

（6）单击"存储"按钮，在弹出的"将优化结果存储为"对话框中设置导出格式为"仅限图像"，切片为"所有切片"，如图 11-33 所示，单击"保存"按钮。

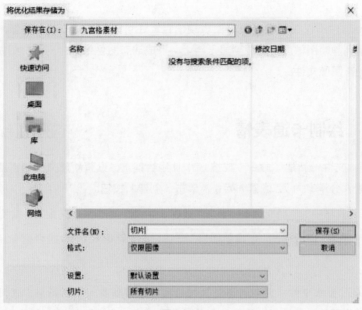

图 11-33

提示

单击"将优化结果存储为"对话框中的"保存"按钮后，有时会出现"'Adobe 存储为 Web 所用格式'警告"对话框，如图 11-34 所示，单击"确定"按钮即可。

（7）至此，原图像被优化为 9 幅大小相同的网络图像，保存在指定位置处，按照设定好的"文件名＋切片名"命名图像并保存，如图 11-35 所示。我们可以使用这些素材在网页上制作九宫格图像。

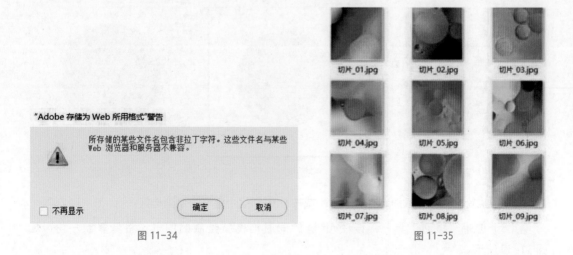

图 11-34

图 11-35

11.3 制作动态表情文件

Photoshop 软件不仅在图像处理方面表现出色，还可以制作 GIF 动态图像。通过 GIF 格式文件可以将一系列静帧图像逐一还原到显示器上，形成动态图像效果。下面介绍如何绘制简单的卡通表情制作动态图像文件。

11.3.1 绘制卡通表情

（1）执行"文件→新建"命令（或按 Ctrl+N 组合键），设置新建文件的宽度为 200 像素，高度为 200 像素，分辨率为 72 像素 / 英寸，单击"创建"按钮。

（2）选择工具箱中的"椭圆选框工具"，按住 Shift 键，单击鼠标并拖曳，绘制一个圆形选区。

（3）单击"图层"面板中的"创建新图层"按钮（或按 Shift+Ctrl+N 组合键），新建"图层 1"。

> **提示**
>
> 单击"图层"面板中的"创建新图层"按钮可以直接创建一个新图层，使用快捷键创建新图层会弹出"新建图层"对话框，设置好相关属性后单击"确定"按钮才会创建一个新图层。

（4）选中"图层 1"，选择工具箱中的"渐变工具"，在其属性栏中单击"渐变拾色器"选项，设置渐变色为"橙色 _10"，如图 11-36 所示。

（5）在"渐变工具"属性栏中设置渐变类型为"径向渐变"，按住鼠标左键并拖曳，在圆形选区中绘制渐变色，如图 11-37 所示。

（6）选择"椭圆选框工具"，按住 Shift 键并拖曳，绘制一个新的圆形选区，如图 11-38 所示。然后重复步骤（3）～（5），为新建圆形选区填充渐变色。

图 11-36

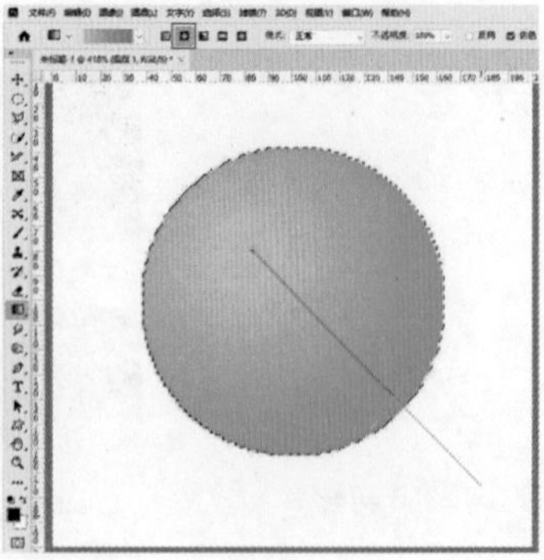

图 11-37

图 11-38

（7）执行"选择→取消选择"命令（或按 Ctrl+D 组合键），取消选区。

（8）选择"移动工具"，按住 Alt 键的同时拖曳新绘制的图形，将其复制一份，如图 11-39 所示。

（9）单击"图层"面板中的"创建新图层"按钮（或按 Shift+Ctrl+N 组合键），新建"图层 3"。

（10）选择"椭圆选框工具"，按住 Shift 键并拖曳，绘制一个圆形选区。设置前景色为黑色，将选区填充为黑色。执行"选择→取消选择"命令（或按 Ctrl+D 组合键），取消选区，如图 11-40 所示。

（11）重复步骤（9）～（10）共 3 次，分别为眼睛绘制 3 个大小不同的圆形选区，并填充为白色，绘制眼睛高光图形，如图 11-41 所示。

技巧

在 Photoshop 软件使用过程中，按 D 键可以快速将工具箱拾色器恢复为系统默认颜色。系统默认前景色为黑色，背景色为白色。如需要交互前景色与背景色，可以按 X 键。

提示

因为动画需要，眼部高光会进行单独调整，因此绘制高光时要分不同图层绘制，否则无法单独调整。绘制后也暂时不能合并图层。

（12）按 Shift 键，同时选中眼睛和高光图形所在的图层 3 ～ 6，此时眼睛和高光图像被同时选中。选择工具箱中的"移动工具"。按住 Alt 键，同时选择并拖曳选中的图形，将眼睛复制一份，如图 11-42 所示。至此，表情图像绘制完成。

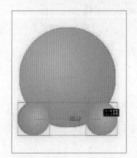
图 11-39

图 11-40

图 11-41

图 11-42

11.3.2　认识"时间轴"面板

在 Photoshop 2020 软件中，可以使用"时间轴"面板创建一些简单的动画效果。设置完成后，可以输出为 GIF 格式直接在网页浏览器中以动画的形式出现。

执行"窗口→时间轴"命令，打开"时间轴"面板，如图 11-43 所示。

图 11-43

其种各选项的含义如下。

- **"转到第一帧"按钮** ▪ ▪：单击该按钮，跳转到动画文件第一个画面处。

- **"转到上一帧"按钮** ◂ ：单击该按钮，转到当前选中帧的前一帧画面。

- **"播放/停止"按钮**：单击"播放"按钮 ▸ ，播放完整动画。再单击该按钮，它会变为"停止"按钮 ▪ 。

- **"转到下一帧"按钮** ▸ ：单击该按钮，转到当前选中帧的后一帧画面。

- **"关闭音频播放"按钮** ◂ ：单击该按钮，以静音形式播放动画。

- **"设置回放选项"按钮** ✿ ：单击该按钮，弹出"回放选项设置"面板，如图 11-44 所示。

  > **分辨率**：设置播放动画的分辨率，有"25%""50%""100%"3 个选项，数值越小，分辨率越低。

  > **循环播放**：选中该选项，播放完动画的最后一帧画面后，自动从第一帧画面继续播放；不选中该选项，播放完动画的最后一帧画面后停止。

- **"在播放头处拆分"按钮** ✂ ：单击该按钮，动画文件将从播放头所在位置被拆分为前后两部分内容，并分别存放在不同的图层中，如图 11-45 所示。

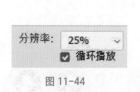

图 11-44

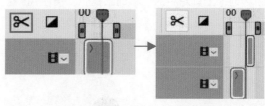

图 11-45

- **"选择过渡效果并拖动以应用"按钮** ◪ ：单击该按钮，弹出"拖动以应用"面板，如图 11-46 所示。在该面板中可以为动画设置过渡效果（类似视频剪辑中的"转场"），设置效果持续时间，并将效果拖曳到动画文件中，如图 11-47 所示。

图 11-46

图 11-47

- **渲染视频** ↗ ：单击该按钮，弹出"渲染视频"对话框，如图 11-48 所示。设置名称、存储位置、格式、输出动画范围等属性后，单击"渲染"按钮，可以将动画文件以视频的形式输出。

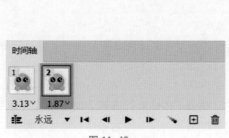

图 11-48

- **时间码** `0:00:03:04`：用于显示当前播放头所在位置的时间，用数字"00:00:00:00"表示"时：分：秒：帧"。用鼠标拖曳该区域，可以调整播放头所在位置，对动画内容进行预览。

- **帧速率** (30.00 fps)：表示每秒钟可以播放多少个静止的帧画面，单位以 fps 表示。

- **时间轴显示比例** ：用来缩放时间轴显示比例，可以放大进行局部的精细调整，也可以缩小显示较多内容进行整体操作。

- **弹出菜单** ：单击弹出时间轴动画菜单，选择对应的菜单命令，可执行相应的操作。

- **转换为帧动画** ：单击该按钮，"时间轴"面板将以逐帧动画的形式编辑动画文件，如图 11-49 所示。

- **过渡动画帧** ：该按钮可以根据两个帧的不同，为两个帧之间自动添加逐渐过渡的帧内容。单击后弹出"过渡"对话框，如图 11-50 所示。

图 11-49 　　　　　　　　　　图 11-50

> **过渡方式**：选择当前帧与哪一帧画面进行过渡。

> **要添加的帧数**：用来设置两个帧画面之间需要自动添加帧的数量。

> **图层**：用来选择过渡操作对"图层"面板中哪些范围内的图层有效。

> **参数**：设置哪些属性可以被自动识别并应用于过渡效果。

提示

过渡动画必须在两帧之间添加，因此动画至少含有两帧画面时才可用。

- **复制所选帧**⊞：单击该按钮，可以将当前选中的帧画面复制一份并自动生成一个新的帧。
- **删除所选帧**🗑：单击该按钮，可以将当前选中的帧动画进行删除。
- **转换为视频时间轴**⊞：单击该按钮，"时间轴"面板将切换到视频时间轴编辑模式。
- **选择循环选项**永远：单击可以选择动画是否循环以及循环次

数。列表中包含"一次""3次""永远""其他"4个选项。选择"其他"选项，在弹出的"设置循环次数"对话框中可以设置想要的特定循环次数，如图11-51所示。

图 11-51

11.3.3 使用"时间轴"命令为表情创建帧动画

（1）执行"窗口→时间轴"命令，打开"时间轴"面板。

（2）单击"创建帧动画"按钮，以逐帧动画的形式编辑动画内容，如图11-52所示。

（3）在"图层"面板中隐藏背景图层。单击帧动画"时间轴"面板中的"复制所选帧"按钮⊞。将当前选中的帧画面复制一份并自动生成一个新的帧，如图11-53所示。

图 11-52

图 11-53

（4）选中第2帧，单击"移动工具"（或按V键），选中眼睛高光部分的白色圆形，左右微调位置，使其与第1帧不同。调整后第2帧高光和第1帧高光位置不同，形成左右移动的效果。

提示

为保证左右眼统一，高光部分的调整要相对一致。只需将同样大小的高光圆形同时选中并调整即可。

（5）因为默认循环方式为"永远"，单击"播放"按钮后，当第2帧播完还会返回第1帧继续播放，直到单击"停止"按钮。循环播放后，眼睛高光部分左右微移，形成了眼光闪烁的动画效果。

11.3.4　导出动画文件

（1）执行"文件→导出→存储为 Web 所用格式（旧版）"命令（或按 Shift+Ctrl+Alt+S 组合键），打开"存储为 Web 所用格式"对话框。

（2）因为需要保留动态图像效果，因此设置优化文件格式为"GIF"，设置动画循环选项为"永远"，如图 11-54 所示。

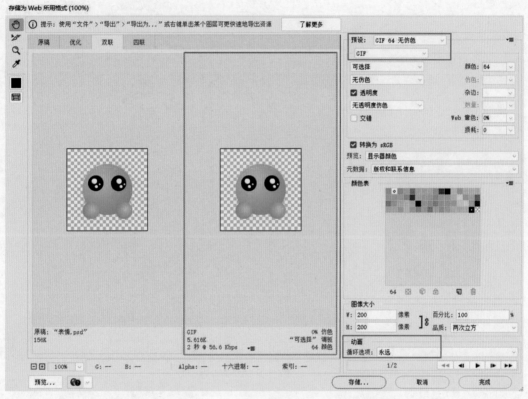

图 11-54

（3）优化完成后，单击"存储"按钮，在弹出的"将优化结果存储为"对话框中设置文件名称、存储位置信息，选择格式为"仅图像"，单击"保存"按钮。

（4）找到保存的"表情 .gif"，双击打开或拖曳到浏览器中，可以看到绘制的眼睛高光闪动的效果。

提示

除了制作类似的逐帧动画外，也可以在两个帧画面之间，通过单击过渡动画帧按钮 ，设置"过渡"对话框，为两帧之间添加多个过渡帧。这些过渡帧内容由软件根据首尾两帧的差异计算生成，能补足两个状态之间的空缺帧画面，使两帧的变换过渡相对自然。

Ps

第 12 章 ————

3D 功能

12.1　Photoshop 的 3D 功能可以做什么

Photoshop 的 3D 功能用于制作平面设计中的三维效果，如包装及文创产品设计中的样机制作，海报设计中的三维特效文字、特效插画效果，以及三维虚拟现实、三维球面全景图效果和三维立体模型重建等。另外，Photoshop 还可以导入各类专业三维软件所生产的文件，直接在三维对象上绘制贴图和修改属性。

12.2　3D 调板与视图控制

在 Photoshop 中编辑 3D 对象的工作界面由 3D 菜单、3D 俯视图①、3D 工作区、3D 调板、属性调板、图层调板组成，如图 12-1 所示。设计实践中，一般通过调板实现快捷操作。

图 12-1

通过 3D 俯视图可以显示 3D 对象的前、后、左、右、仰、俯等视图，并且可以在视图上显示对象的规格，以方便工作区中对 3D 物体状态进行观察，如图 12-2 所示。

---

① 文中的"3D 俯视图"与图 12-1 中的"3D 副视图"为同一内容，后文不再赘述。

图 12-2

　　3D 调板是操作 3D 对象的主控面板，配合属性调板，可以实现对整个场景、对象（网格）各个面、材质、光源等属性进行编辑，如图 12-3 所示。

图 12-3

12.3　3D 对象的创建

12.3.1　3D 明信片

　　3D 明信片功能可以将一张平面图在三维立体空间中展示和编辑，如同一张明信片沿 X、Y、

Z 3 个轴向进行选装、缩放、拉伸等操作。操作时，先选中画面所在图层，然后在 3D 调板中选中"3D 明信片"，单击"创建"按钮，如图 12-4 所示。

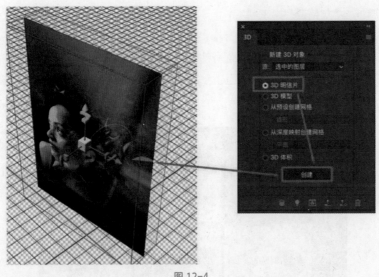

图 12-4

12.3.2　3D 模型

3D 模型功能用于将平面对象（图片、图形、文字等）挤压成 3D 对象。以文本为例，其操作如图 12-5 所示，先选中文本图层（A 图），然后在 3D 调板中选中"3D 模型"，单击"创建"按钮，文本就呈现了 3D 效果（B 图）。通过 3D 旋转工具可对视图进行不同角度的控制（C 图），还可以改变其材质，使之呈现不同的质感（D 图）。制作海报时，结合三维文字特效和三维物体，可提升画面的表现力。

图 12-5

12.3.3　从预设创建网格

通过 3D 调板的"从预设创建网格"下拉菜单，可选择锥形、立体环绕、圆环、立方体、柱体、帽子、金字塔、环形、汽水、球型、酒瓶等模型预设选项。选中一个图像层并选中一个模型选项，单击"创建"按钮，就会呈现以图层画面为贴图的对应三维物体，如图 12-6 和图 12-7 所示。若仔细观察您可能会发现，立体环绕模型上贴图布满了 6 个面，而立方体则只贴在了正面上，金字塔模型也是如此。

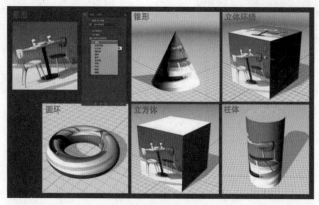

图 12-6

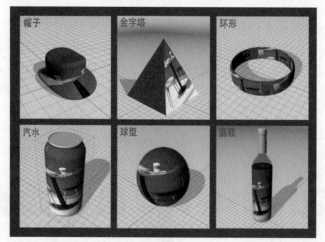

图 12-7

12.3.4　从深度映射创建网格

"从深度映射创建网格"功能可以将具有色彩明暗变化的平面图像变成三维立体图像，其工作原理是亮部向外凸出，暗部向内收缩，从而挤压出凹凸不平的表面。它可以通过 6 种不同的形式塑造不同效果：平面、双面平面、纯色凸出、双面纯色凸出、圆柱体和球面。对于初学者来说，很容易对这些效果产生混淆。因此，接下来我们以"云彩效果"的黑白图像为例，逐个简要进行介绍。

- **平面**：根据云彩的明暗关系，亮部分凸起，暗部凹陷。通过旋转角度可见它的背面也呈现凹凸效果，如同将一张"纸"压成一个"面具"，如图 12-8 所示。

- **双面平面**：此项功能是呈现对称的两个平面凹凸效果，如图 12-8 所示。

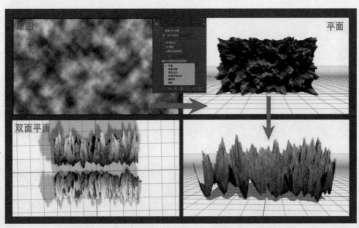

图 12-8

- **纯色凸出**：纯色凸出与平面的效果正面一致，背面却是平的，也就是说它呈现的是单面凹凸的效果，如图 12-9 所示。

- **双面纯色凸出**：顾名思义，它呈现的是两个"纯色凸出"背靠背焊接的效果，如如图 12-9 所示。

- **球体**：它是将"平面"的作为一张皮蒙在一个球体上的效果。就像一个嶙峋的石头球，如图 12-9 所示。

- **圆柱体**：呈现的是将第一项"平面"的效果包裹在一个圆柱体上的效果。看上去有点像一个怪石嶙峋的柱子，如图 12-9 所示。

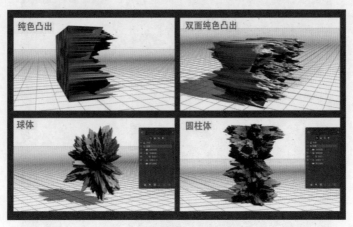

图 12-9

12.3.5　3D 体积

　　3D 体积可以将通过三维扫描的批量序列照片重建为三维物体，也可以将多幅随机图像合成为三维物体。我们以"医学骨骼 CT 影像三维重建"为例，介绍 3D 体积的创建方法。第一步，将包含医学骨骼 CT 影像照片的 CTM 格式图像打开（当然您也可以直接打开多张照片载入 Photoshop 图层中），进入 CTM 文件导入面板中。单击左侧"全选"所有照片，选中"将帧作为图层导入"，单击打开，这时所有的照片在同一个文件中成为了不同的图层，如图 12-10 所示。第二步，按住 shift 在图层调板上连续选择图层，如图 12-11 所示。第三步，选择 3D 调板上的"3D 体积"，单击"创建"按钮，如图 12-12 所示。这时会弹出转换体积对话框，在 X、Y、Z 3 个坐标轴向输入参数（这里可以用默认的参数），如图 12-13 所示。单击确定后，我们会看到原本的平面照片变成了立体的骨骼影像，使用 3D 旋转工具可以旋转骨骼对象，从而以立体方式观察骨骼的每个角度，如图 12-14 和图 12-15 所示。第四步，我们还可以在属性面板上选择不同的体积样式，显示不同风格的效果，如图 12-16 和图 12-17 所示。

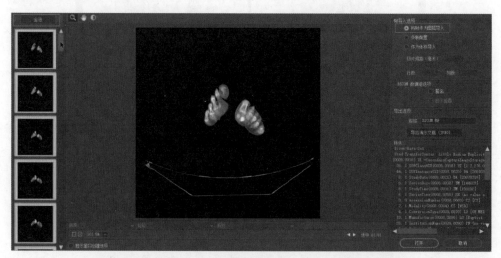

图 12-10

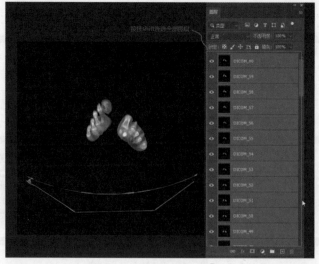

图 12-11

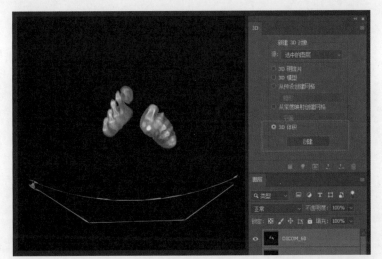

图 12-12

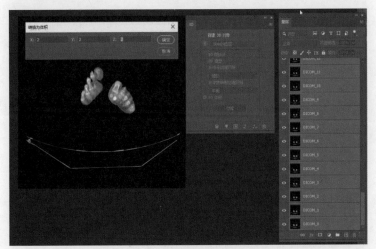

图 12-13

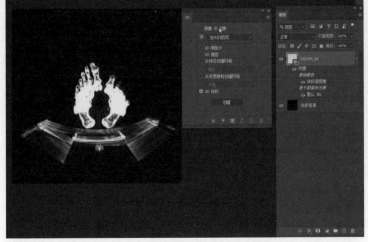

图 12-14

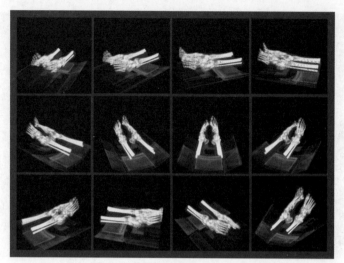

图 12-15

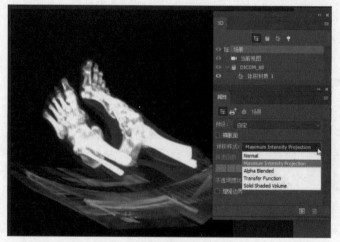

图 12-16

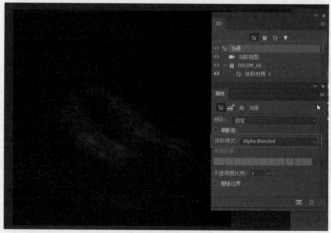

图 12-17

12.3.6　球面全景

球面全景功能，可以将 360 度的全景图以三维空间的方式在 Photoshop 中呈现，通过 3D 环绕、滚动等工具可以在三维空间中任意浏览，如同我们身临其境环顾四周。我们以一个室内设计全景效果图的例子来说明这个功能，如图 12-18 所示。

图 12-18

首先在 Photoshop 中选择"3D→球面全景→导入全景图"（见图 12-19）命令，然后选择"室内设计全景效果展开图"（见图 12-20）。此时弹出"新建"对话框，我们在此设置文件名称、"3D 场景大小"和"文档类型"（见图 12-21）。单击"确定"按钮后，我们就可以在 Photoshop 中通过 3D 环绕工具拖曳鼠标，查看到房间的每个角落，如同我们身临其境，从上、下、前、后、左、右观察这个房间，如图 12-22 所示。

图 12-19

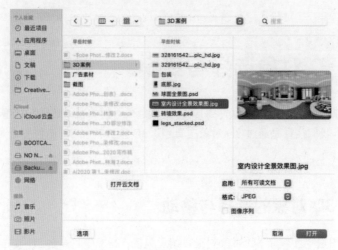

图 12-20

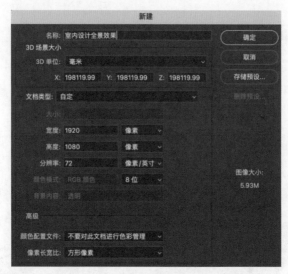

图 12-21

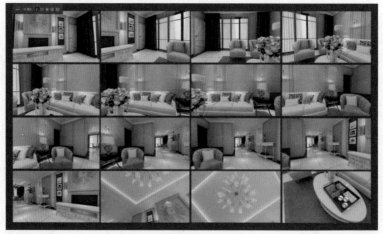

图 12-22

12.4　3D 对象选择与变换

　　要想对 3D 对象进行准确的编辑，我们就需要学会在不同情况下选择和变换 3D 对象的方法。在 Photoshop 中，我们往往是通过 3D 对象工具组、3D 坐标轴和 3D 面板配合对 3D 物体及其组件进行编辑的。

12.4.1　3D 对象的选择与移动

　　让我们先认识选择和编辑 3D 对象的工具组（见图 12-23）。A 是 3D 旋转工具，顾名思义用于旋转 3D 对象，这种旋转就像"花样滑冰运动员"在冰上旋转一样。B 是 3D 滚动工具，这种滚动就像"体操运动员"翻筋斗一样。C 是 3D 移动工具，顾名思义用于移动 3D 对象，若选中对象的某一个坐标轴的缩放标记，也可以实现缩放和拉伸的操作。D 是 3D 滑动工具，如同我们推拉相机的镜头，可以将对象推远和拉近。E 是 3D 缩放工具，通过观察就会发现，这是一个小的立方体变成大的立方体的工具图标，直观地反映了其"缩放"3D 对象的功能。

当然，这组工具不仅可以对 3D 对象的整体进行编辑，还可以针对不同坐标轴对"子对象"、灯光等不同纬度进行编辑。

下面我们深入了解坐标轴（见图 12-24）。3D 对象是在一个三维空间中，所以它有 3 个坐标轴，分别是 X 轴、Y 轴和 Z 轴，在每一个轴向上还有 3 个标记：A 代表移动，即拖曳这个图标可以实现将物体沿该轴方向移动；B 代表旋转，即将光标放在这个标记上可以实现旋转；C 代表缩放，即将光标放在这个标记上可以实现缩放或拉伸。

图 12-23　　　　　　　　　　　　　图 12-24

接下来我们进行举例说明，首先建立一个空白文件，然后选择 3D 面板上的"从预设创建网格"—立方体，最后单击"创建"按钮，如图 12-25 所示。

图 12-25

此时，我们会看到网格界面中间有一个白色的矩形，这就是 3D 对象。不过现在是它的一个平面正对着你，所以感觉它不是一个立方体而是一个平面的矩形。这是因为我们还没有旋转它，目前的角度只看到它的一个面。但我们可以在 3D 面板上看到这个对象有"前、后、左、右、顶、底"6 个面，显然是立方体，图 12-26 所示。

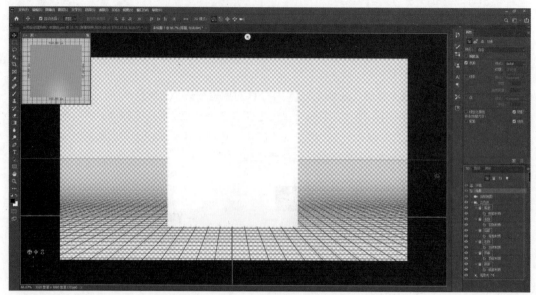

图 12-26

如果我们要改变视图，则首先在 3D 面板上选择场景，这时我们的视图外框呈现黄色的边线，然后用 3D 旋转工具拖曳视图旋转即可，如图 12-27 所示。

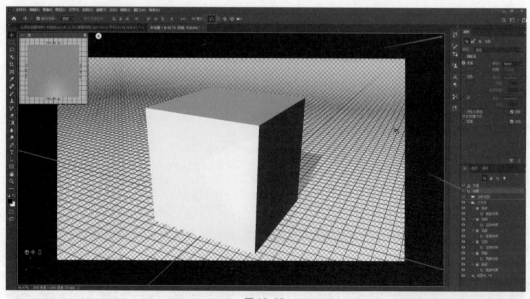

图 12-27

若要让 3D 对象沿 Z 轴移动，则在 3D 面板上选择"立方体"，然后用 3D 移动工具，拖曳

3D 坐标轴上的 Z 轴顶端的箭头移动即可，如图 12-28 所示。

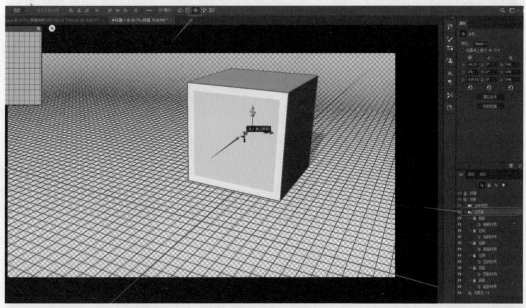

图 12-28

　　若要对 3D 对象的一个局部子对象进行编辑，例如对它前部的"面"单独进行移动，则我们先选中 3D 面板上的"前部"，然后用 3D 移动工具将光标放在 Z 轴顶端的箭头上进行拖曳，即可将前部的面单独移走，如图 12-29 所示。

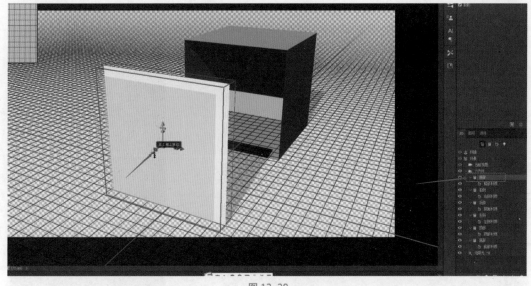

图 12-29

　　若要对 3D 对象进行等比例缩放，则先选中 3D 面板上的"立方体"，然后用 3D 缩放工具对立方体进行缩放，如图 12-30 所示。

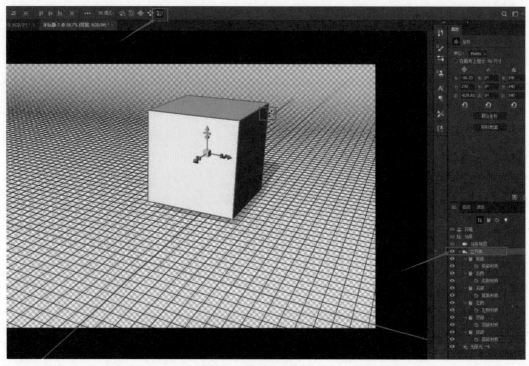

图 12-30

若要对 3D 对象进行不等比例缩放，也就是根据某一个轴向将立方体拉伸为一个长方体或者扁长方体，则同样选中 3D 面板上的"立方体"，然后将光标放在立方体坐标轴上的小方块位置（当它变成黄色）上，并出现缩放标志，就可以沿这个轴对立方体进行拉伸或压扁，如图 12-31 所示。

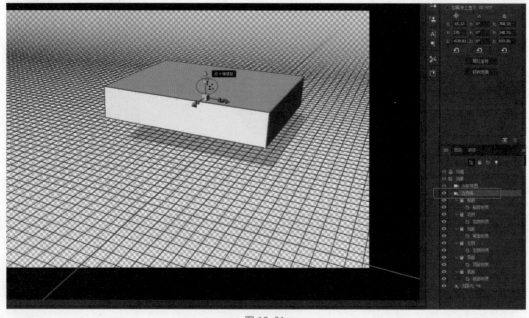

图 12-31

12.4.2　合并 3D 图层

只要我们新建一个图层，就可以在 3D 面板上重新选择一个预设网格，例如创建一个新的柱体，但这时你会发现，立方体和柱体并不在同一个编辑环境下，如果要对这两个对象的属性和光照进行统一编辑，则需要将两个对象图层进行合并。合并的方法其实与合并普通图层的方法一致，如图 12-32 和图 12-33 所示。

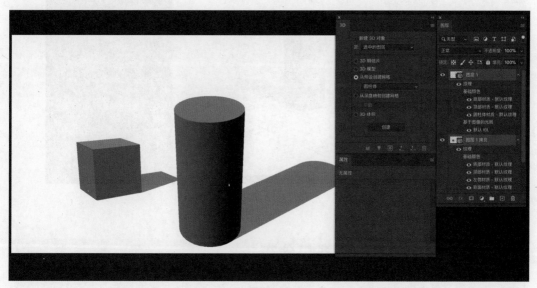

图 12-32

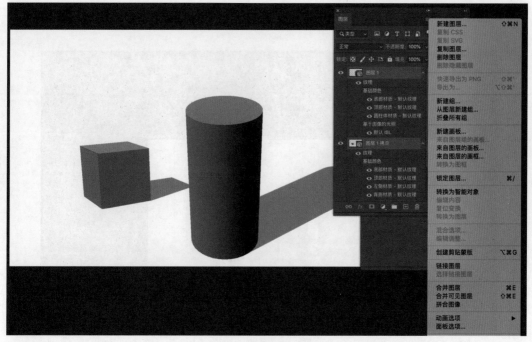

图 12-33

合并两个 3D 图层后，我们观察会发现，在 3D 面板上同时出现了柱体和立方体两个对象属性，如图 12-34 所示。

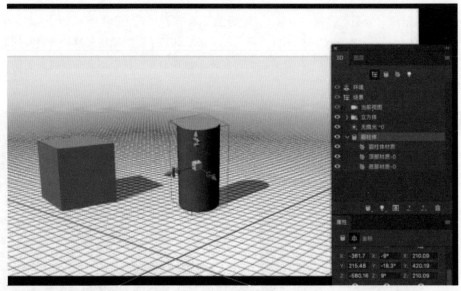

图 12-34

12.4.3　3D 对象的对齐与分布

想必大家在前面的章节中已经学习过图层的对齐与分布，3D 对象的操作方法与图层对象基本一样。不过我们需要注意的是，在对齐 3D 对象之前，我们必须将多个图层上的 3D 对象合并为一个图层，然后在 3D 面板上按住 Shift 键选择这些 3D 对象，这时就可以用属性栏上的对齐和分布按钮了，如图 12-35 ～图 12-37 所示。

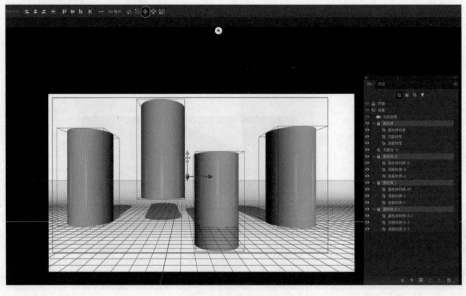

图 12-35

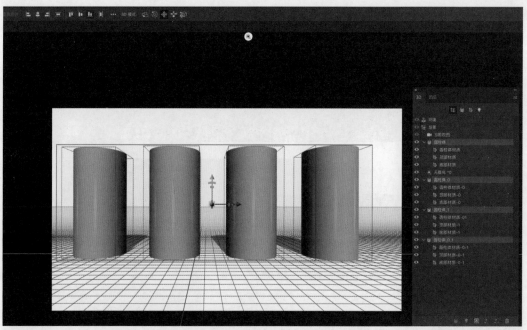

图 12-36

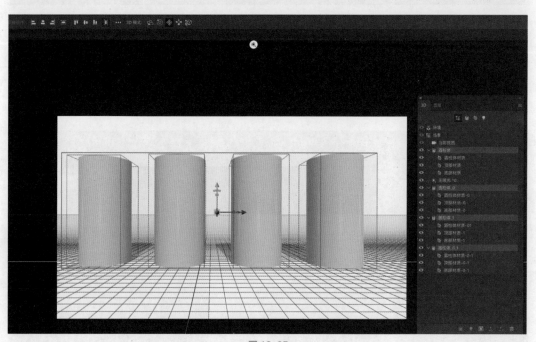

图 12-37

12.4.4　3D 对象的变换与扭曲

通过 3D 面板和属性面板，我们可以对 3D 物体进行进一步变换和扭曲。我们以一组 3D 立体字为例说明这些功能的使用方法。我们选中 3D 对象，然后通过属性面板中的"网格"选项卡，不仅可以编辑对象的凸出深度、映射方式，还可以尝试不同的形状预设带来的不同效果，如图 12-38 所示。

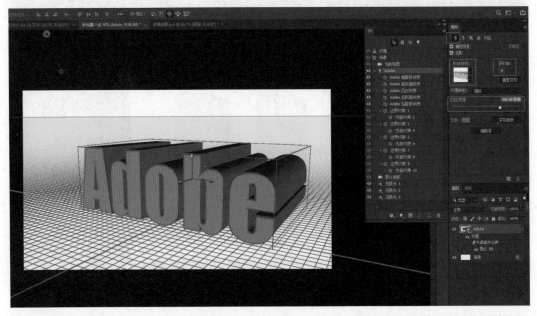

图 12-38

单击属性面板上的"变形"选项卡则进入变形属性界面，在这里我们不仅可以编辑对象的突出深度和形状预设，还可以对扭转、锥形、弯曲和切变等参数进行修改，从而得到各种扭曲变形效果，如图 12-39 ～图 12-42 所示。

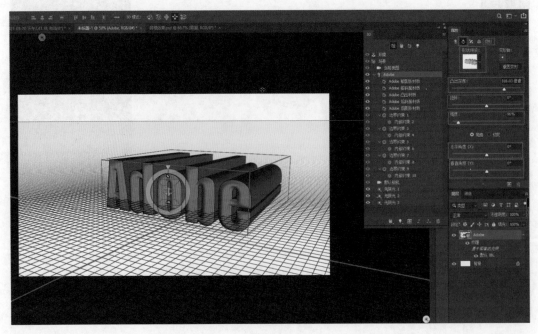

图 12-39

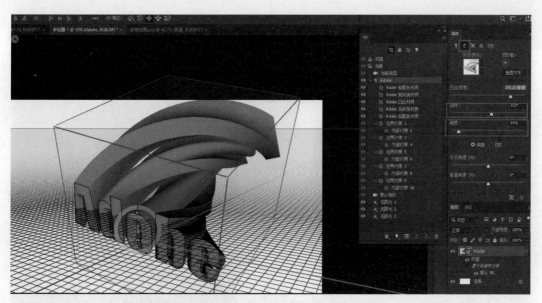

图 12-40

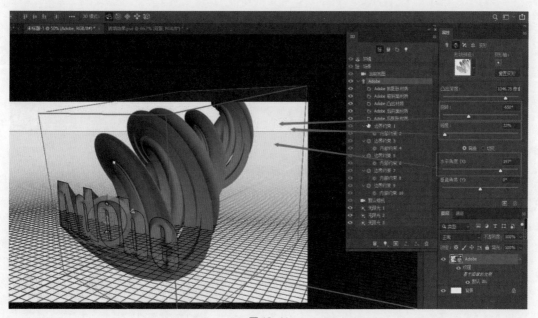

图 12-41

单击属性面板上的"盖子"选项卡可以编辑 3D 对象面的倒角效果，在这里我们可以编辑面倒角斜面的宽度、角度以及不同等高线产生的效果。还可以调节"膨胀"的角度和强度得到不同的倒角效果，如图 12-43 所示。

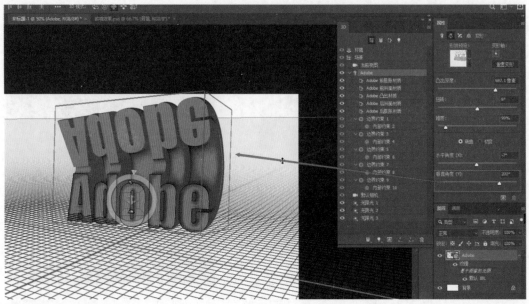

图 12-42

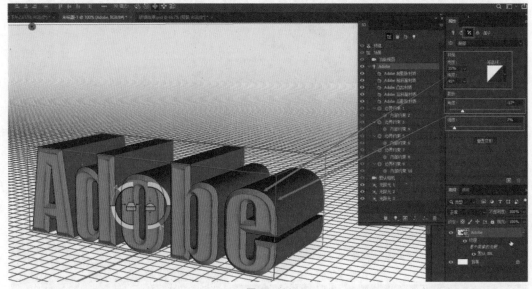

图 12-43

12.5　3D 对象材质编辑

　　与三维软件类似，通过 3D 面板和属性面板的配合，我们可以为 3D 对象中的每一个组件赋予不同的材质并编辑。例如，我们给 3D 文字的表面赋予一个砖墙的材质。首先，选中 3D 面板上的"前膨胀材质和前斜面材质"，即可激活属性面板的材质属性，如图 12-44 所示。

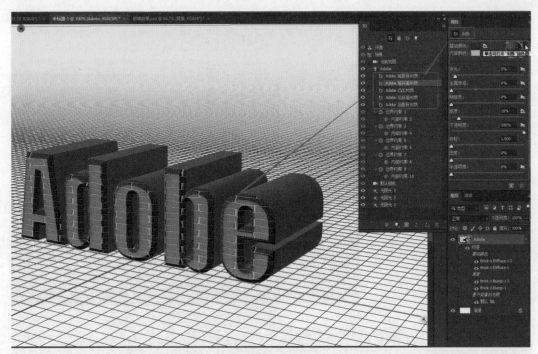

图 12-44

单击可打开"材质"拾色器，我们会看到许多材质球，每一个球代表一种材质。我们在 3D
面板上选择要赋予材质的对象，然后单击材质球，即可将材质赋予对象，如图 12-45 所示。

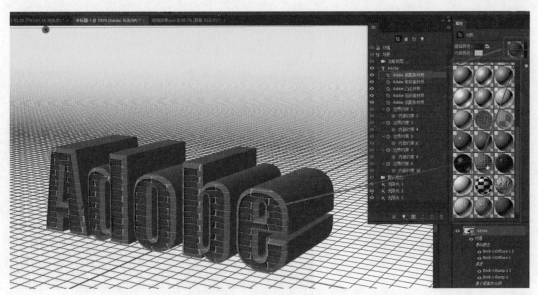

图 12-45

赋予材质后，我们还可以对材质的属性，如发光、金属质感、粗糙度、高度、不透明度、折射、
密度、半透明等质感进行编辑，如图 12-46 所示。

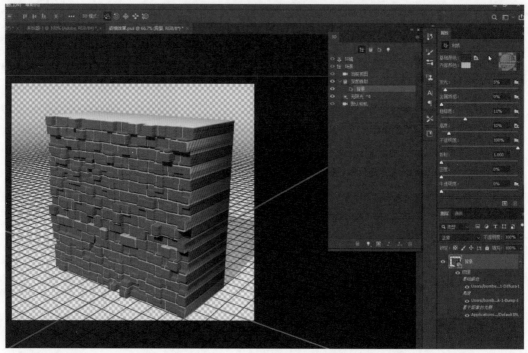

图 12-46

Ps

第13章 ————

实践案例

13.1 产品广告设计

本例是产品广告设计,首先在画面中添加多种素材并分别调整其色调,使画面整体表现和谐,再将树木放置在杯子顶端,传达出产品属于纯天然有机饮品的寓意。

技术要点:

(1)使用"画笔工具"制作阴影和水珠效果。

(2)添加"镜头光晕"滤镜,增强画面光照效果。

(3)添加多种素材,丰富画面整体效果。

下面开始制作"饮料广告"案例。

(1)新建文件"饮料广告",参数设置如图 13-1 所示。

(2)设置前景色(R: 192, G: 211, B: 217),填充背景图层,效果如图 13-2 所示。

(3)新建"图层 1",设置前景色为白色,使用"画笔工具"在中心区域涂抹,将图层不透明度设为 75%,效果如图 13-3 所示。

图 13-1   图 13-2   图 13-3

(4)制作云朵。在"画笔工具"选取器中载入画笔,选择素材文件 224-1.abr,选择"云彩"画笔,如图 13-4 所示。

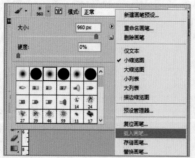

图 13-4

(5)新建"图层 2",在画面上绘制云朵效果。可多次调整大小,绘制更多云朵。也可以选择其他"云朵"画笔，绘制不同的云朵。效果如图 13-5 所示。

（6）打开素材文件，并调整位置，生成"图层 3"，如图 13-6 所示。

（7）制作倒影。按 Ctrl+J 组合键复制"图层 3"，得到"图层 3 副本"，将其移到"图层 3"下方，使用组合键 Ctrl+T，将"图层 3 副本"中的图像进行垂直翻转，并下移，调整位置，如图 13-7 所示。

图 13-5

图 13-6

图 13-7

（8）为"图层 3 副本"添加蒙版图层，选择"渐变工具"，设置由白色至黑色的线性渐变，为翻转的饮料杯添加渐变效果，并设置图层不透明度为 75%，如图 13-8 所示。

图 13-8

（9）添加阴影。新建"图层 4"，将其移到"图层 3 副本"下面，设置前景色为黑色，选择"柔边圆"画笔工具，设置不透明度为 25%，为其添加阴影，如图 13-9 所示。

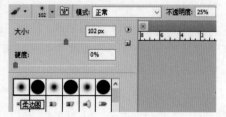
图 13-9

（10）制作饮料杯口的水纹效果，打开素材，放置在所有图层上面，设置图层混合模式为"叠加"，如图 13-10 所示。

图 13-10

（11）按 Ctrl+Alt+G 组合键，创建剪切蒙版。该蒙版是"图层 1"的专属蒙版，如图 13-11 所示。再添加图层蒙版，如图 13-12 所示。

图 13-11　　　　　　　　　　　　　　　　　图 13-12

（12）设置前景色为黑色，用"画笔工具"抹去杯口之外的水纹。注意要将画笔属性栏中的不透明度改为 100%，如图 13-13 所示。

图 13-13

（13）制作饮料杯的明暗色调。新建"图层 6"，将其设为"图层 1"专属，设置图层混合模式为"叠加"，图层不透明度为 43%，前景色为黑色，用"画笔工具"进行涂抹，制作出饮料杯的暗调效果，如图 13-14 所示。

（14）新建"图层 7"，设为"图层 1"专属，设置图层混合模式为"叠加"，图层不透明度为 43%，前景色为白色，用"画笔工具"涂抹，制作出饮料杯的亮调效果，如图 13-15 所示。

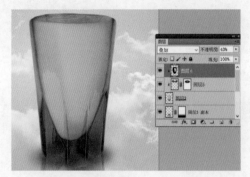

图 13-14

图 13-15

（15）创建专属"色相／饱和度 1"调整图层，改变色阶全图和黄色的数值，提亮饮料杯。参数如图 13-16 和图 13-17 所示。

图 13-16

图 13-17

（16）制作饮料杯身的水珠效果，载入"水珠"画笔，选择适当画笔，调整大小，设置前景色为白色，在新建"图层 8"中做出杯身上的水珠效果，如图 13-18 所示。设置图层混合模式为"叠加"、不透明度为 86%，如图 13-19 所示。

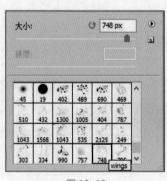

图 13-18

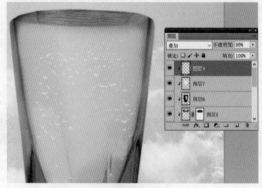

图 13-19

（17）新建"图层 9"，移到阴影"图层 4"的下方，继续制作水珠，如图 13-20 所示。

（18）至此，饮料杯效果制作完成，如图 13-21 所示。

图 13-20

图 13-21

（19）制作小岛。打开素材，调整位置，如图 13-22 所示。

（20）创建"图层 10"作为蒙版图层，设置前景色为黑色，涂抹图片边缘，产生朦胧效果，如图 13-23 所示。

图 13-22

图 13-23

（21）将"图层 10"复制两次，分别得到"图层 10 副本"和"图层 10 副本 1"，调整图像位置，再用画笔工具涂抹。涂抹过程中，当前景色为黑色时抹去不需要的，当前景色为白色时增加需要的，如图 13-24 所示。

（22）将 3 个图层合并在一起，然后创建"色相饱和度 1"专属调整图层，如图 13-25 所示。接着新建一个图层，并添加阴影，如图 13-26 所示。

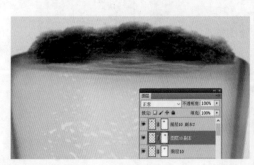

图 13-24

图 13-25

图 13-26

（23）添加小船。打开"小船"素材，调整位置，添加投影效果，如图 13-27 所示。

（24）添加树木。打开"树木"素材，调整位置，设置图层混合模式为"正片叠底"，如图 13-28 所示。

图 13-27   图 13-28

（25）制作霞光效果。新建"图层 14"，设置前景色为（R: 244，G: 248，B: 191），设置画笔工具的不透明度为 30%，在画面上涂抹出霞光。注意调整图层顺序，如图 13-29 所示。

图 13-29

（26）绘制太阳。新建"图层 15"，绘制椭圆，填充径向渐变，设置颜色从（R: 240，G: 217，B: 40）到（R: 244，G: 248，B: 191）进行渐变，并为浅色添加不透明度，如图 13-30 所示。完成后将太阳移到合适位置处，如图 13-31 所示。

（27）添加光晕效果。新建"图层 16"，填充黑色，如图 13-32 所示。添加"镜头光晕"滤镜，参数设置如图 13-33 所示。效果如图 13-34 所示。

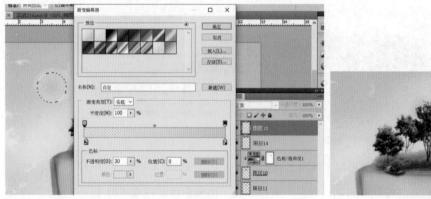

图 13-30   图 13-31

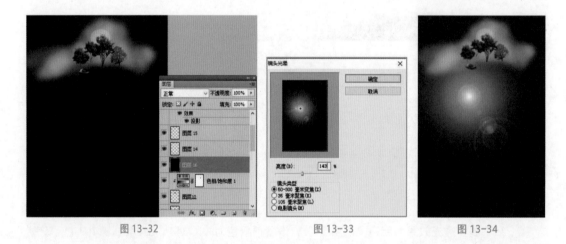

图 13-32   图 13-33   图 13-34

（28）将图层混合模式改为"柔光"，如图 13-35 所示。图 13-36 是没有添加滤镜的效果，如图 13-36 所示。

（29）添加图层蒙版，调整光晕效果，如图 13-37 所示。

图 13-35   图 13-36   图 13-37

（30）新建"图层 17"，设置前景色为（R: 250, G: 250, B: 182），调整不透明度，添加霞光，做最后的调整，如图 13-38 所示。

（31）加入其他素材，作品完成后，最终效果如图 13-39 所示。

图 13-38   图 13-39

13.2   公益海报设计

本例是公益海报设计，首先在画面中心制作一个含有水滴的视觉窗口，直接地传达出了广告的意义，然后使用文字与图片的结合方式，增强图文呼应的设计感。

技术要点：

（1）运用"水滴画笔工具"添加画面水滴，呈现往外洒出效果。

（2）创建"色相／饱和度"调整图层加强画面色调。

（3）添加"水纹"素材，增强画面质感。

下面开始制作文件"节约用水"案例。

（1）新建文件"节约用水"，参数设置如图 13-40 所示。

（2）用径向渐变填充背景图层。设置颜色为白色到蓝色（R: 0，G: 100，B: 146）的渐变，如图 13-41 所示。

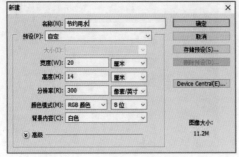

图 13-40   图 13-41

（3）打开"水雾"素材文件，如图 13-42 所示。

（4）添加图层蒙版，涂抹图像以隐藏部分水雾，呈现柔和的效果，如图 13-43 所示。

图 13-42   图 13-43

（5）载入"水滴"画笔，新建"水滴"图层，绘制水滴。多次复制"水滴"图层并调整位置后，形成水滴环绕的效果，如图 13-44 所示。

（6）将"水滴"图层组合或者合并在一起。

（7）新建"星球"图层，绘制正圆并填色（R: 70，G: 128，B: 186），效果如图 13-45 所示。

图 13-44   图 13-45

（8）载入"云朵"画笔（Clouds563），绘制云朵效果，如图 13-46 所示，然后合并"云朵"图层。

（9）自由变换"云朵"图层，用变形命令将云朵变形，如图 13-47 所示。

图 13-46   图 13-47

（10）按 Ctrl+Alt+G 组合键创建针对"星球"图层的剪切蒙版，如图 13-48 所示。

（11）打开"光芒"素材，调整其大小及位置，如图 13-49 所示。添加蒙版，涂抹边缘，如图 13-50 所示。然后设置图层混合模式为"叠加"，图层不透明度为 77%，如图 13-51 所示。

图 13-48

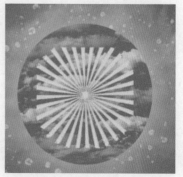

图 13-49

图 13-50

图 13-51

（12）添加"渐变填充 1"调整图层，参数如图 13-52 和图 13-53 所示。然后创建剪切蒙版，如图 13-54 所示。

图 13-52

图 13-53

（13）打开"草地"素材图，抠取一部分复制到"节约用水"文件里，自由变换命令进行变形，如图 13-55 所示。添加"投影"图层样式，参数设置如图 13-56 所示。然后创建剪切蒙版，给草地添加暗影，如图 13-57 所示。

图 13-54

图 13-55

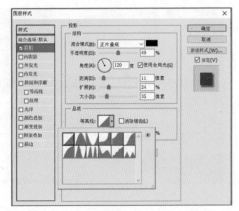

图 13-56

图 13-57

（14）新建"草地高光"图层，设置图层混合模式和不透明度，用白色画笔涂抹出草地高光，如图 13-58 所示。

（15）打开"水滴"素材，调整大小和位置，如图 13-59 所示。

图 13-58

图 13-59

（16）创建"亮度／对比度"专属调整图层，如图 13-60 所示。

（17）打开"树叶"素材，复制几个做出树叶环绕效果，如图 13-61 所示。合并"树叶"图层，添加"色相／饱和度"专属调整图层，如图 13-62 所示。然后给"树叶"图层添加"外发光"图层样式，如图 13-63 所示。

图 13-60

图 13-61

图 13-62

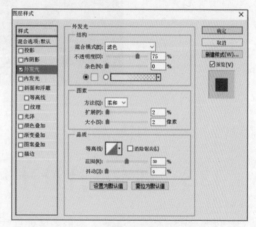

图 13-63

（18）打开"水环"和"水环 2"素材，分别置入"节约用水"文件中，调整其大小及位置，并将二者结合在一起，然后通过添加专属调整图层，如"亮度／对比度 2"和"色相／饱和度 2"，调整水环的色彩，与整体相符，如图 13-64 所示。

（19）输入文字"节约用水，从点开始"，调整字体和字号，复制文字图层，栅格化文字图层副本，然后添加滤镜效果，选择"扭曲"→"波纹"命令，打开"波纹"对话框，参数设置如图 13-65 所示。给文字添加水波纹效果，最后复制"水滴"图层，调整水滴的大小后，将其放在文字"点"的后面，调整色彩对比度。最终完成效果如图 13-66 所示。

图 13-64

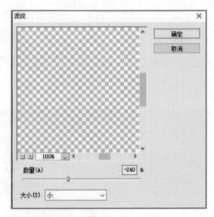

图 13-65

图 13-66

13.3　创意照片设计

　　Photoshop 是一款专业的图形图像处理软件，具有强大的数码照片后期处理能力，特别是在数码照片色彩校正和修饰方面更是无可匹敌；在照片合成、抠图、变形、编辑和修复等方面的功能也让专业人士爱不释手。

　　本例是对照片进行后期制作的化妆品广告设计，主要展现人物面部精致透亮的肤质，再将画面色调调整为淡褐色，呈现出自然清新的广告效果。

　　技术要点：

　　（1）使用"液化"滤镜调整人物脸型。

　　（2）创建"可选颜色"调整人物头发颜色。

　　（3）运用色调调整图层调整人物面色色调。

　　下面开始制作文件"化妆品广告"。

（1）新建文件"化妆品广告"，参数设置如图 13-67 所示。单击"确定"按钮后效果如图 13-68 所示。

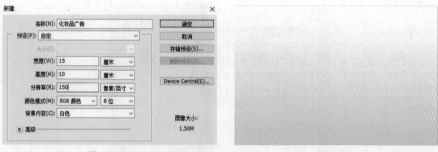

<table>
<tr><td>图 13-67</td><td>图 13-68</td></tr>
</table>

（2）新建图层，用不透明度为 30% 的画笔工具涂抹画面左侧，如图 13-69 所示。

（3）置入"美女"图片，调整其大小及位置，然后选择"滤镜→转换为智能滤镜"命令，如图 13-70 所示。

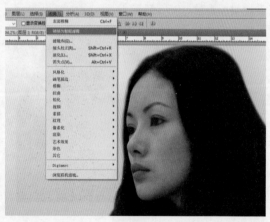

<table>
<tr><td>图 13-69</td><td>图 13-70</td></tr>
</table>

（4）执行"模糊→表面模糊"命令，打开"表面模糊"对话框，参数设置如图 13-71 所示，使人物脸部皮肤光滑。

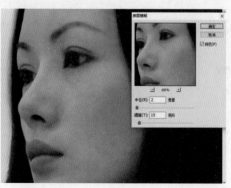

图 13-71

选中"图层"面板中智能滤镜前面的缩览图,设置前景色为黑色,用画笔涂抹五官,对眼睛、鼻子、嘴和眉毛的清晰度进行还原,如图 13-72 所示。

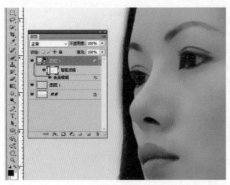

图 13-72

(5)将"图层 3"改名为"美女"图层复制"美女"图层,将"美女副本"图层栅格化,按 Shift+Ctrl+X 组合键执行"液化滤镜"命令,调整画笔大小,修改美女图像。以下是修改前后的比较,如图 13-73 所示。

图 13-73

(6)设置前景色为(R: 200,G: 155,B: 107),创建基于"美女副本"的剪切蒙版"头发"图层,用画笔工具涂抹头发,如图 13-74 所示。适当调整图层透明度,设置混合模式为"叠加",使头发呈现棕红色效果,如图 13-75 所示。

图 13-74 图 13-75

（7）将前景色设为白色，新建"高光"图层，创建剪切蒙版，用画笔工具涂抹额头、鼻梁和下巴处，增加脸部高光效果，如图 13-76 所示。

图 13-76

（8）添加"选取颜色 1"专属调整图层，调整美女脸部颜色，增加健康的红润效果，如图 13-77 所示。

图 13-77

进一步调整，提亮脸部色彩，如图 13-78 所示。

（9）使用"钢笔工具"抠出嘴唇的形状，创建"色相 / 饱和度 1"专属调整图层，调整嘴唇的颜色，如图 13-79 所示。此时的数据不是固定的，要根据广告最终要达到的要求来决定。此例中的嘴唇颜色不易太鲜艳，所以要降低其饱和度和明度。

图 13-78

图 13-79

（10）创建"曲线 1"专属调整图层，调整美女的整体亮度，如图 13-80 所示。

图 13-80

（11）新建"矩形"图层，填充颜色（R: 212, G: 179, B: 160），设置图层的不透明度 50%，如图 13-81 所示。

图 13-81

（12）新建"小矩形"图层，绘制矩形，填充颜色（R: 223, G: 156, B: 115），并设置图层的不透明度为 80%，如图 13-82 所示。

图 13-82

（13）将"化妆品"素材放入文件中，调整其大小及位置，如图 13-83 所示。

（14）绘制圆环和月牙图形，并分别对其进行填充颜色，注意图层顺序，如图 13-84 所示。

图 13-83

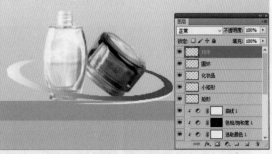

图 13-84

（15）输入文字，进行字体字号颜色和位置的设置，完成作品，如图 13-85 所示。

图 13-85

13.4　影视海报设计

本例设计的是电影海报，整体以暖色调为主，搭配人物和优美的字体，使整张海报显得更加精致。

技术要点：

（1）运用图层样式制作纹理效果。

（2）使用"渐变工具"制作背景的渐变效果。

（3）多个图像的合成效果。

下面开始制作文件"电影海报"。

（1）新建文件"电影海报"，设置文件大小为 18 厘米 ×24 厘米，分辨率为 150 像素 / 英寸①。

（2）设置前景色为（ R: 228，G: 208，B: 186）、背景色为（ R: 15，G: 36，B: 9），填充背景图层，如图 13-86 所示。

---

① 1 英寸 = 2.54 厘米，150 像素 / 英寸 = 59.055 像素 / 厘米，后文不再赘述。

（3）打开素材"毛毡纹理"，修改混合模式为"柔光"，增加背景纹理，如图 13-87 所示。

（4）新建"颜色"图层，填充径向渐变，设置前景色（R: 255，G: 110，B: 127）、背景色（R: 253，G: 194，B: 67）。设置图层混合模式为"颜色"、不透明度为 60%，如图 13-88 所示。

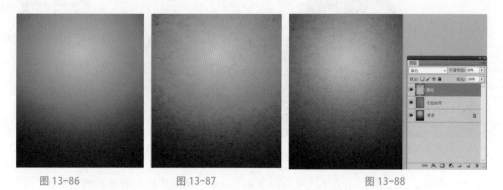

图 13-86   图 13-87   图 13-88

（5）打开"云彩"素材，如图 13-89 所示。设置图层混合模式和不透明度，如图 13-90 所示。本例中的云彩需要放在画面左上角，所以选择云彩图片时要注意。

图 13-89   图 13-90

（6）添加图层蒙版，使用黑色画笔工具抹去不要的部分，如图 13-91 所示。

（7）加入素材"远山"，如图 13-92 所示。更改图层混合模式，如图 13-93 所示。添加蒙版，用黑色画笔涂抹掉不要的部分。可以适当调节画笔的不透明度，如图 13-94 所示。

图 13-91   图 13-92

图 13-93　　　　　　　　　　　　图 13-94

（8）导入素材"石桥"，放在"颜色"图层下方，添加蒙版，用黑色画笔涂抹掉不要的部分，如图 13-95 所示。

（9）导入"婚纱照"素材，放在"颜色"图层下方，调整其大小及位置，添加蒙版，用黑色画笔工具涂抹，如图 13-96 所示。

图 13-95　　　　　　　　　　　　图 13-96

（10）导入"黑白纹理"素材，执行"选择→色彩范围"命令，打开"色彩范围"对话框，其参数设置如图 13-97 所示。选中黑白纹理中间部分，并删除它。可以多做几次本操作，以达到需求，如图 13-98 和图 13-99 所示。

图 13-97　　　　　　　　　　　　图 13-98

（11）按 Ctrl+I 组合键对黑白纹理图层进行反相操作，如图 13-100 所示。然后执行"滤镜→渲染→光照效果"命令，打开"光照效果"对话框，如图 13-101 所示。效果如图 13-102 所示。

图 13-99

图 13-100

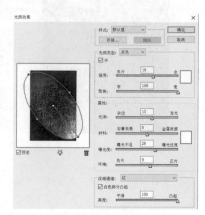
图 13-101

调整图层混合模式和不透明度，如图 13-103 所示。

图 13-102

图 13-103

添加蒙版，用黑色画笔涂抹，露出中间的人物部分，如图 13-104 所示。

（12）导入 3 张小鸟图片，分别设置其大小、位置和图层不透明度，然后将这 3 个图层组合在一起，如图 13-105 所示。

图 13-104

图 13-105

（13）导入"边框"素材，调整图层顺序，设置图层不透明度，如图 13-106 所示。

（14）调整图片不合理的地方。画面右侧黑色元素太多，原因是远山和男士的颜色都偏黑色，这时候我们可以通过水平翻转人物图层，或者调换远山的图片，或者调亮远山的明度等操作改变现状，如图 13-107 所示。相应地对"小鸟"图层进行调整，如图 13-108 所示。

图 13-106

图 13-107

（15）最后加入文字，如图 13-109 所示。

图 13-108

图 13-109

13.5 食品 Banner 设计

Banner 指的就是横幅广告，一般就是在网站投放的时候使用，简单来说就是横幅设计。本例运用纹理的背景更加体现了食品广告的特色，添加诱人的食物和合适的字体，使整个设计作品更加完美。

技术要点：

（1）结合"钢笔工具"和文字工具制作广告标题。

（2）运用图层样式制作主体的立体感。

（3）运用调整图层调整画面的饱和度。

下面开始制作文件"食品 banner"。

（1）打开"布纹"文件。导入"黑影"素材，图层混合模式为"正片叠底"，再复制"黑影"图层，加深效果，如图 13-110 所示。

（2）导入"生菜"素材，移到"美食"图层下方，添加"内阴影"图层样式，如图 13-111 所示。再添加"投影"图层样式，参数设置如图 13-112 所示。

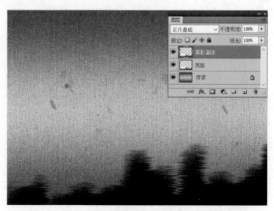

图 13-110

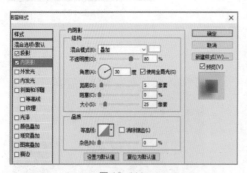

图 13-111

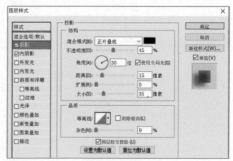

图 13-112

（3）创建"生菜"图层的专属调整图层"色相/饱和度"，如图 13-113 所示。

（4）打开"叶子"文件，将图层组复制到我们正在制作的文件"食品 banner"中，调整大小和位置，如图 13-114 所示。

图 13-113

图 13-114

（5）导入素材"彩旗"，添加"投影"图层样式，如图 13-115 所示。创建"亮度 / 对比度 1"专属调整图层，调整亮度和对比度，如图 13-116 所示。

图 13-115

（6）新建图层，绘制不规则形状，填充颜色（R: 111，G: 20，B: 62）。

（7）输入文字"A part of your family!"，调整字体、字号和位置。设置文字颜色为（R: 242，G: 200，B: 53），如图 13-117 所示。

图 13-116

图 13-117

（8）输入文字"Delicious"（美味可口），设置字体为 Brush Script MT、字号为 72，如图 13-118 所示。添加"投影"图层样式投影，如图 13-119 所示。

图 13-118

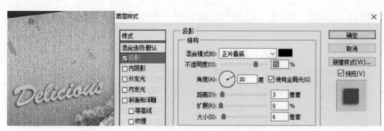

图 13-119

（9）输入文字 "RESTAURANT" 和 "Life is beautiful. It needs something."（生活是美好的，它需要一些东西），如图 13-120 所示。

图 13-120

（10）导入 "菊花" 素材

（11）新建 "圆" 图层，填充白色。添加 "渐变叠加" 图层样式，如图 13-121 所示。设置渐变颜色为（R: 1，G: 40，B: 3）到（R: 82，G: 89，B: 6），效果如图 13-122 所示。

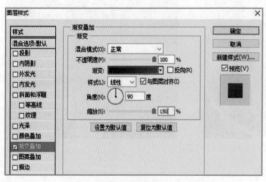

图 13-121

图 13-122

（12）添加 "外发光" 图层样式，如图 13-123 所示。

（13）选择 "椭圆工具"，绘制正圆，创建 "形状" 图层。自动填充前景色。选择 "文字工具"，沿形状边缘输入文字 "THIS OFFER IS FOR ALL STARTERS"，如图 13-124 所示。调整字体字号，设置颜色为（R: 1，G: 40，B: 3），如图 13-125 所示。

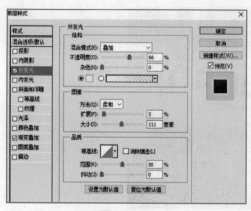

图 13-123

图 13-124

（14）隐藏"形状"图层，输入其他文字，调整字体字号位置，如图 13-126 所示。

图 13-125

图 13-126

（15）新建"高光"图层，调整顺序，用白色画笔工具绘制高光效果，如图 13-127 所示。

图 13-127

（16）最终效果如图 13-128 所示。

图 13-128

13.6 水滴文字设计

本例将制作水滴文字，以水滴的晶莹剔透搭配清新宜人的绿色背景，该效果适用于饮料、酒水等广告制作。

技术要点：

（1）运用"云彩"和"图章"滤镜制作文字效果。

（2）运用"高斯模糊"和"阈值"制作水滴效果。

（3）运用"斜面和浮雕""内阴影""内发光""投影"图层样式制作水滴文字。

下面开始制作文件"水滴文字"。

（1）新建文件"水滴文字"，参数设置如图 13-129 所示。

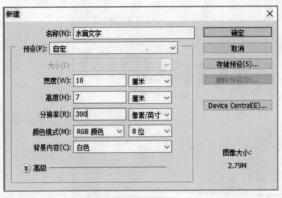

图 13-129

（2）输入文字"SPRING"，调整字体字号、大小和位置，如图 13-130 所示。

图 13-130

（3）按 D 键切换到默认前景色和背景色，执行两次云彩滤镜渲染，如图 13-131 所示。

图 13-131

（4）执行"滤镜→滤镜库"命令，参数设置如图 13-132 所示。效果如图 13-133 所示。

图 13-132   图 13-133

（5）将"文字"图层栅格化转成普通图层，执行"高斯模糊"滤镜命令，如图 13-134 所示。

（6）合并"文字"图层与"云彩滤镜"图层，将新图层改名为 SPRING。然后执行"图像→调整→阈值"命令，如图 13-135 所示。

（7）用"魔棒工具"选中所有黑色区域，按 Ctrl+J 组合键复制一个新图层，改名为 SPRING，如图 13-136 所示。然后删除之前的 SPRING 图层，如图 13-137 所示。

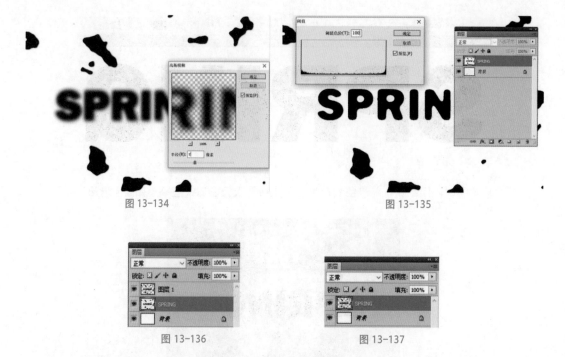

图 13-134   图 13-135

图 13-136   图 13-137

（8）打开素材图"春天"，调整其大小及位置，移到 SPRING 图层下方，如图 13-138 所示。

（9）选择 SPRING 图层为当前图层，用"橡皮擦工具"将黑色的水珠擦涂一下，修改成较小的水珠效果，如图 13-139 所示。

图 13-138   图 13-139

（10）将 SPRING 图层的填充设为 0%，如图 13-140 所示。

图 13-140

（11）添加"斜面和浮雕"图层样式，其参数设置如图 13-141 所示。

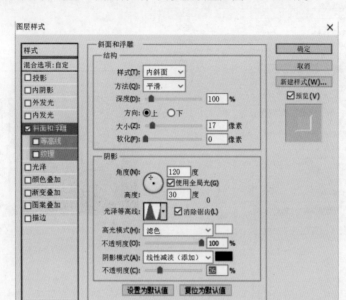

图 13-141

再选择"等高线"图层样式，其参数设置如图 13-142 所示。继续选择"内阴影"图层样式，其参数设置如图 13-143 所示。

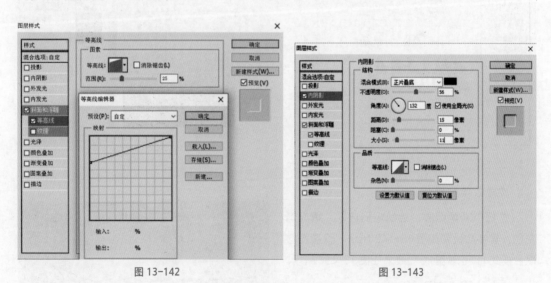

图 13-142   图 13-143

继续选择"内发光"图层样式，其参数设置如图 13-144 所示，颜色设置如图 13-145 所示。

继续选择"投影"图层样式，参数设置如图 13-146 所示，颜色设置如图 13-147 所示。

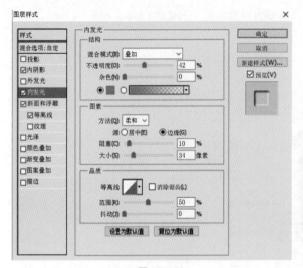

图 13-144

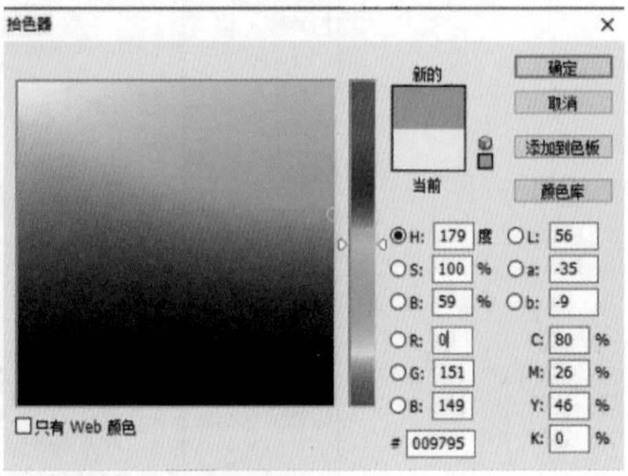

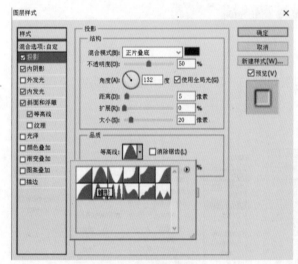

图 13-146

图 13-145

图 13-147

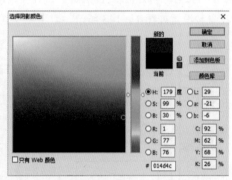

完成效果如图 13-148 所示。

（12）新建图层，绘制矩形选区，填充渐变色，其参数设置如图 13-149 所示。设置图层混合模式为"正片叠底"，效果如图 13-150 所示。

（13）输入文字"April hath put a spirit of youth in everything"（四月将勃勃生机注入万物），调整字体、字号和位置，如图 13-151 所示。

图 13-148

图 13-149

图 13-150

图 13-151

（14）加入星光效果，如图 13-152 所示。这里可以根据背景图片的不同添加不同的星光效果，如图 13-153 ～图 13-155 所示。

图 13-152

图 13-153

图 13-154

图 13-155

而且不同的背景，水滴文字的效果也不一样，所以在对 SPRING 图层设置图层样式时，参数值不是固定的，要根据背景的不同进行适当改变。

13.7　杂志封面设计

本例是宠物杂志设计，以狗为主体元素，然后用各种字体元素丰富画面效果，结合各种矢量图案素材，对宠物杂志进行设计。

技术要点：

（1）使用"投影"图层样式增强素材的立体感。

（2）用"钢笔工具"勾画文字形状，对其填充颜色丰富画面。

（3）调整文字的不同字体，对杂志的文字进行布局设计。

下面开始制作文件"宠物杂志"。

（1）新建文件"宠物杂志"，参数设置如图 13-156 所示。

（2）选择"视图→新建参考线"命令，画面的宽度是 21 厘米，留出 0.5 厘米作为书脊，分别在 10.25 厘米和 10.75 厘米的位置处新建参考线，如图 13-157 和图 13-158 所示。参考线右侧作为封面，左侧作为封底。

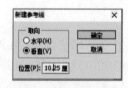

图 13-157

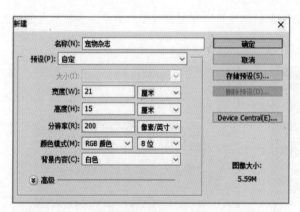

图 13-156

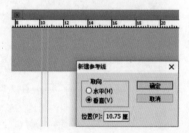

图 13-158

（3）新建图层组"封面"，导入素材"狗"图片，如图 13-159 所示。

（4）输入文字，调整字体、字号和位置，根据需要适当添加图层样式，如图 13-160 所示。字体可以根据设计要求不同进行更改。

（5）新建图层，绘制矩形，填充颜色（R: 204, G: 0, B: 0）。继续输入文字放在红色矩形图上，如图 13-161 所示。

图 13-159

图 13-160

图 13-161

（6）打开素材文件，导入"锯齿圆"。调整大小和位置，添加"投影"图层样式，如图 13-162 所示。再对"脚印"和"骨头"元素的大小进行调整，并放到合适位置处，如图 13-163 所示。

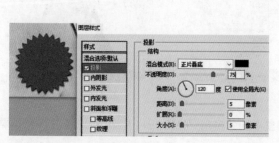
图 13-162

图 13-163

（7）输入文字，调整字体、字号和位置，放在锯齿圆上面，如图 13-164 所示。添加"投影"图层样式，如图 13-165 所示。继续添加"斜面和浮雕"图层样式，如图 13-166 所示。

图 13-164

图 13-165

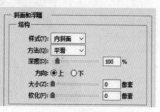
图 13-166

（8）新建图层，在左侧中下位置绘制飘带图形，填充色为（R: 204, G: 0, B: 0），如图 13-167 所示。再新建图层，绘制阴影效果，填充色为（R: 198, G: 198, B: 198），如图 13-168 所示。最终飘带效果如图 13-169 所示。

图 13-167   图 13-168   图 13-169

（9）置入"星星"素材，创建红色飘带的剪切蒙版，并调整填充为 33%，如图 13-170 所示。

（10）新建图层，在文字 2021 旁边绘制一个红色小矩形作为修饰，如图 13-171 所示。

图 13-170

图 13-171

（11）最后结合封面整体色调，调整小狗的颜色，如图 13-172 和图 13-173 所示。完成封面设计，如图 13-174 所示。

图 13-172

图 13-173

图 13-174

（12）新建"书脊"图层组。新建"白色矩形"图层，绘制矩形并填充为白色，如图 13-175 所示。

（13）添加"红色矩形"和"文字"图层，调整大小和位置。完成书脊制作，如图 13-176 所示。

图 13-175　　　　　　　　　　　　　　　图 13-176

（14）新建"封底"图层组，如图 13-177 所示，置入"狗窝""脚印""条形码"元素，输入文字，调整大小和位置，完成封底的制作，如图 13-178 所示。

图 13-177　　　　　　　　　　　　　　图 13-178

（15）完成宠物杂志的封面、书脊和封底的制作，如图 13-179 所示。

（16）下面制作宠物杂志立体图。新建文件"宠物杂志立体图"，其参数设置如图 13-180 所示。

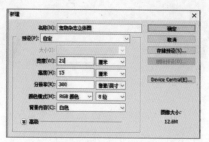

图 13-179　　　　　　　　　　　　　　图 13-180

（17）将背景图层改为普通图层，添加"渐变叠加"图层样式。设置渐变样式为"径向"，颜色从（R:34，G:30，B:31）到（R:147，G:149，B:152），如图 13-181 所示。

（18）新建图层，绘制图形，如图 13-182 所示。

图 13-181

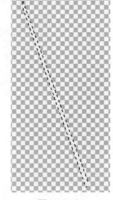
图 13-182

添加"投影"图层样式，参数设置如图 13-183 所示。再添加"渐变叠加"图层样式，参数设置如图 13-184 所示。

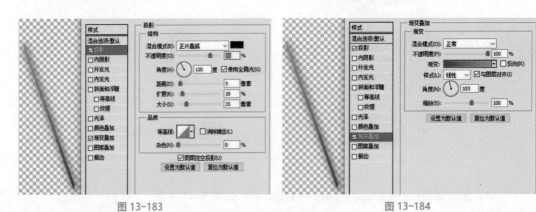

图 13-183   图 13-184

（19）新建图层，绘制图形，如图 13-185 所示。添加"投影"图层样式，如图 13-186 所示。

图 13-185   图 13-186

（20）回到"宠物杂志"文件中，复制 3 个图层组，如图 13-187 所示。隐藏显示，如图 13-188 所示。这一步用来保留图层。按 Shift+Ctrl+E 组合键合并可见图层。

图 13-187

图 13-188

（21）用"矩形选框工具"选中封底图案，复制到"宠物杂志立体图"文件中。运用"自由变换"命令调整图片角度，达到立体效果，如图 13-189 所示。

（22）新建图层，调出封底图层的选区，在新建的图层里填充黑色，并添加"投影"图层样式，参数设置如图 13-190 所示。

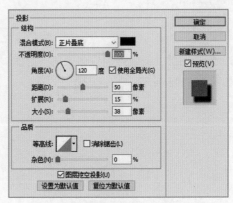

图 13-189

图 13-190

（23）选择"图层→图层样式→创建图层"命令，得到图层的投影图层，填充设为 30%，如图 13-191 所示。这一步将图层样式单独分享出来，得到朦胧图形效果，作为杂志的投影。

（24）绘制书脊部分，并将书脊复制并粘贴进行变换调整，如图 13-192 所示。添加"投影"图层样式，如图 13-193 所示。

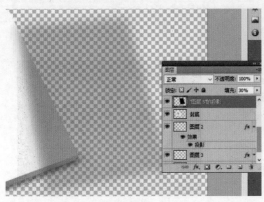

图 13-191

图 13-192

添加"色阶"专属调整图层，如图 13-194 所示。

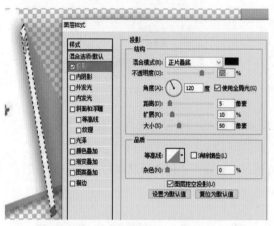

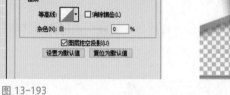

图 13-193   图 13-194

（25）新建图层，继续绘制立体效果，如图 13-195 所示。继续添加"投影"图层样式，参数设置如图 13-196 所示。

图 13-195   图 13-196

（26）将封面图案粘贴进来，调整变换，如图 13-197 所示。

（27）最后效果如图 13-198 所示。

图 13-197   图 13-198

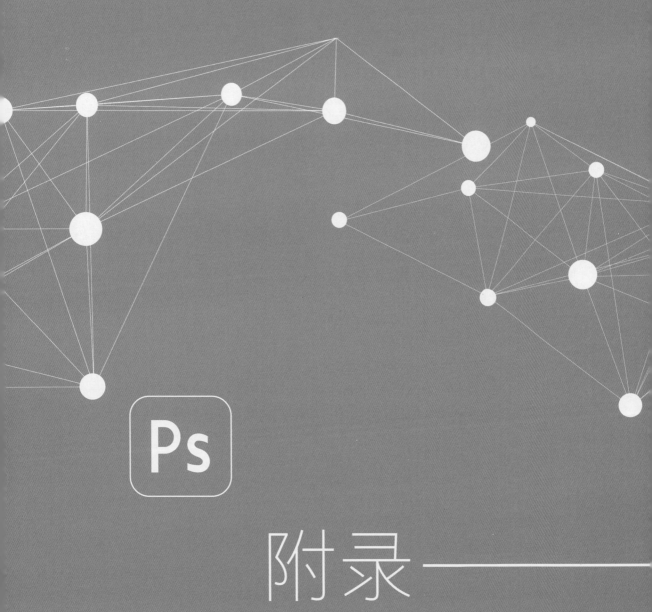

Ps

附录 ————————

Adobe Certified Professional 介绍

1．Adobe Certified Professional 国际认证介绍

Adobe Certified Professional（www.adobeacp.com）是面向全球设计师、学生、教师及企业技能岗位的国际认证及考核测评体系，由 Adobe 全球 CEO 签发。全球 148 个国家均有进行，共 13 种语言版本。

2．Adobe Certified Professional 认证讲师介绍

教师是教育改革的践行者，教学质量的保障者，教学水平的代表者，教书育人的实施者。Adobe Certified Professional 中国运营管理中心作为 Adobe Certified Professional 在中国教育计划的运营、维护、组织、宣传和实践者，高度重视教师培训。秉承"以产业促教育改革，以教育助产业腾飞"的宗旨，将 Adobe 的最新技术和行业应用及时传导到学校，进入课堂传授给学生，培养出掌握最新科技和行业应用，具有较高竞争力，满足行业（企业）需要的应用型专业人才，为中国数字媒体产业的发展做出贡献。

3．Adobe Certified Professional 世界大赛介绍

Adobe Certified Professional 世界大赛（Adobe Certified Professional World Championship）是一项在创意领域，面向全世界 13 ～ 22 岁青年群体的重大竞赛活动，赛事每年举办一届，自 2013 年举办以来，已成功举办 9 届，每年 Adobe Certified Professional 世界大赛吸引超过 70 个国家和地区及 30 余万名参赛者。

Adobe Certified Professional 世界大赛中国赛区由 Adobe Certified Professional 中国运营管理中心主办，通过赛事的组织为创意设计领域和艺术、视觉设计等专业的青少年群体提供学术技能竞技、展现作品平台和职业发展的机会。

4．院校合作的项目介绍

创意设计人才培养计划是 Adobe Certified Professional 中国运营管理中心为合作院校提供以 Adobe 先进技术和行业标准为核心打造的人才培养计划，旨在推动全国院校快速培养创新型、复合型、应用型的创意设计人才，提升中国创意设计"硬实力"。通过科学测评 Adobe 原厂软件技能和系统学习"行业大师课"行业知识双层加持，最终获得职业能力认定证书和职业推荐信，从而打通学生实习和就业的行业壁垒，建立"软件技能""行业教学""考评体系""实习就业"的全闭环生态链。

5．院校教师培训介绍

深入贯彻《中共中央、国务院全面深化新时代教师队伍建设改革的意见》，落实《全国职业院校教师教学创新团队建设方案》《深化新时代职业教育"双师型"教师队伍建设改革实施方案》通知精神，加快构建高质量高等教育体系。Adobe Certified Professional 中国运营管理中心联合院校及行业专家，基于任务驱动培训模式，通过在线点播、直播授课、集中实训方式进行。围绕立德树人根本任务，结合企业真实项目传授先进理念、经验、技术和方法，示范带动高等学校相关专业教师、教法关键要素改革，提升教师教育教学质量。

Adobe Certified Professional 考试

Adobe Certified Professional 是面向设计师、学生、教师及企业技能岗位的国际认证及培训体系。该认证是基于 Adobe 核心技术及岗位实际应用操作能力的测评体系，自进入中国以来，得到了广大行业用户及院校师生的认可，成为视觉设计、平面设计、影视设计、网页设计等岗位培训及技能测评考核的重要参考依据。

1．认证考试介绍

Adobe Certified Professional 分为产品技能认证和职业技能认证两类。获得 Adobe Certified Professional 认证，标识着用户能够熟练使用软件，具备开展设计工作和进行产品交付的能力。

Adobe Certified Professional 技能认证：通过 Adobe 产品系列（Photoshop、Illustrator、Indesign、Premiere、After Effect、Animate、Dreamweaver）任一认证考试，即可取得 Adobe Certified Professional 技能证书。

职业技能认证专家：根据不同的行业领域所需，按以下要求取得两个以上认证专家证书，可同时取得视觉设计认证专家、影视设计认证专家、网页设计认证专家证书。

视觉设计认证专家 =Photoshop 认证专家（必需）+IIlustrator 或 InDesign 认证专家

影视设计认证专家 =Premiere Pro 认证专家（必需）+Photoshop 或 After Effects 认证专家

网页设计认证专家 =Dreamweaver 认证专家（必需）+Photoshop 或 Animate 认证专家

2．认证考试模拟题

Adobe Certified Professional 认证考试可通过线上及线下考试的形式，试题由世界领先的评估专家开发，可全方位测试用户在设计领域熟练应用 Adobe 软件的各项能力，扫码左侧二维码即可进入考试报名页面。

每科考试由 33 ～ 50 道题组成，包括选择判断题、情景题、实操题，考试时间为 50 分钟，成绩总分为 1000 分，获得证书最低成绩分为 700 分。

扫码报名考试

Photoshop 模拟题

客观题 1

你正在编辑一张照片。要将其中的一棵树移动到画面的右侧，以更好地平衡构图。下列哪一项功能是最有效的方法？

A．污点修复画笔

B．魔棒

C．仿制图章

D．内容感知移动

答案：D

解析：使用内容识别移动工具可以选择和移动图片的一部分。图像重新组合，留下的空洞使用图片中的匹配元素填充。不需要进行涉及图层和复杂选择的周密编辑。

客观题 2

为客户杂志编辑照片时要了解各种编辑方法是破坏性的还是非破坏性的。将适当的编辑方法与以下方案匹配。

非破坏性编辑	转换智能对象
破坏性编辑	使用仿制图章工具
	使用"图像→调整"选项进行调整
	使用调整图层
	蒙版

答案：

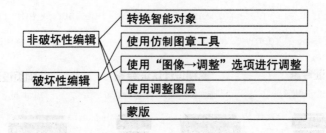

客观题 3

一个文件具有应用投影的文字图层，需要在不更改投影透明度的情况下使文字透明，应该怎么操作？

A．将不透明度值更改为 0%

B．将填充值更改为 0%

C．单击图层旁边的"眼睛"图标

D．单击图层缩略图

答案：B

解析：填充不透明度仅影响图层中的像素、形状或文本，而不影响图层效果（如投影）的不透明度。

操作题 1

你拍摄了 20 世纪 60 年代著名建筑的照片，并决定将其转换为"黑白"图像，且以非破坏性方式把"预设"改为"最白"。

解析：

确定选择了背景图像。

打开"调整"面板（窗口→调整）。

选择"黑白"调整。

在"预设"选项中，将预设更改为"最白"。

操作题 2

为文字"自然之美"添加"投影"效果。将其角度设置为 45 度，将距离设置为 6 像素。接受所有其他预设值。

解析：

单击"自然之美"文字图层。

在"图层"面板的底部单击"FX"按钮并选择"投影"。

在"图层样式"对话框中，将"角度"更改为 45 度，将"距离"更改为 6 像素。

接受所有其他预设值。

操作题 3

载入名为"鸟"的选区来创建一个非破坏性的图层蒙版，它会显示出鸟的选区，这样就可以显示"背景草图层"。

解析：

单击"翠鸟"图层来选择它。

单击"选择"菜单，然后选择"载入选区"。

单击"通道"下拉列表，然后选择"鸟"，单击"确定"按钮。

单击"图层"选项，将鼠标悬停在"图层蒙版"上，然后选择"显示选区"。

清大文森学堂设计学堂

清大文森学堂一直秉持着"直播辅导答疑，打破创意壁垒，一站式打造卓越设计师"的理念，为广大师生校友服务。学堂提供了 Adobe Certified Professional 国际认证考试的考前辅导课，以及 UI 设计、电商设计、影视制作训练营以及平面、剪辑、特效、渲染等大咖课。课程覆盖了各个难度的案例、实用建议和练习素材，紧贴实际工作中常见问题，读者可以全方位地学习，学到真正的就业技能。

清大文森学堂 - 专业精通班

扫码了解详情